饲料质量检测与营养价值评定技术

SILIAO ZHILIANG JIANCE YU
YINGYANG JIAZHI PINGDING JISHU

张国华　卢建雄　编著

中国农业出版社
北　京

前言

质量意味着产品的优劣程度。优良饲料指的是在营养物质组成和营养利用两方面都具有良好品质的饲料。评定饲料营养价值是动物营养学及饲料学的重要内容，长期以来形成了一系列试验方法，并且仍在不断完善和改进。评定饲料营养价值的方法涉及多个方面，主要有化学分析、消化试验、平衡试验、饲养试验、屠宰试验、同位素示踪技术、外科造瘘技术及无菌技术等。随着动物营养学、生物化学、生理学等基础理论科学的进展，现代生物化学分析技术在饲料营养成分分析和营养价值评价中得到广泛应用，现代仪器分析如氨基酸自动分析、气相和液相色谱分析、原子吸收光谱分析等的应用也越来越普及。尽管仪器分析有精密度高、结果可靠等优点，但对仪器设备本身、使用人员与样品预处理的要求也更高。反观感官鉴定、显微镜检技术及常规分析等快速饲料检测方法，仪器设备要求简单，检测速度快，方法易掌握，在生产实际中仍有很强的实用性。

在饲料加工生产过程中采用各种方法对饲料质量进行全面检测是最理想的。然而，实际上饲料生产的规模影响检测方法的应用。对生产量大、价格和质量具有竞争性的商品化饲料生产来说，保证进厂饲料原料和出厂饲料产品两者的质量都非常重要，有必要也有可能将饲料显微镜检测与点滴试验、快速试验以及化学、仪器分析相结合，从而对饲料质量进行全面评价。然而，小规模的饲料加工、养殖企业可能难以配备设备齐全的实验室进行化学分析，而可以开展定性、定量的全面饲料显微镜检测与某些快速、点滴试验，必要时送专业实验室分析。为了便于畜牧专业学生、饲料生产管理和生产一线技术人员（即使没有基础知识）有效地学习掌握简单实用的饲料质量检测与营养价值评定技术，我们编写了本书，以期加强读者基本操作技能的训练，并为培养读者实践能力提供指导和技术参考。本书主要包括饲料质量检测、常规营养成分分析和营养价值评定三部分。为便于读者更好地利用本书，各种测定分析方法内容大体上多设置为目的、原理、仪器设备、试剂及材料、操作步骤、结果记录与计算等几个部分。本书的编写得到了西北民族大学中央高校基本科研业务费创新团队项目（31920190001）及国家民委中青年英才计划（〔2018〕98）的支持。限于编者水平有限，难免存在疏漏、不足，甚至错误，恳请读者批评指正，以便在再版中进行修正、补充。

最后，感谢吴锦圃先生慷慨许可引用其优秀的饲料检测图片，为本书增色添彩，我们表示诚挚的谢意！

张国华　卢建雄

2019年7月

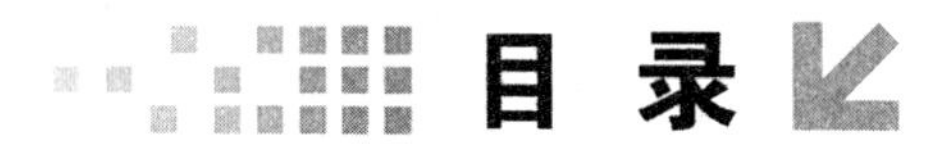

目录

第三部分 饲料营养价值评定

第㊀部分
饲料原料质量检测

饲料质量安全受多种因素的影响，其中饲料原料的卫生质量是重要的因素之一。饲料原料无论是来源于植物、动物或矿物质，本身可能天然存在某些有毒有害成分，在生产（生长）、贮存和运输过程中，也可能受到自然界中化学污染物质及有害生物的污染；此外，还有某些人为的掺假现象等，从而使饲料原料的卫生质量出现各种问题。因此，饲料原料质量是饲料质量的基础，做好饲料原料卫生质量的监测与控制是安全饲料生产的第一个控制点，也是整个饲料企业，乃至整个动物生产企业质量管理的关键。影响饲料原料质量的因素可以概况为四个方面：

1. 自然变异 饲料原料养分含量的自然变异系数平均为±10%，变异范围一般在10%～15%是正常的。饲料原料的质量因产地、年份、采样、品种、土壤肥力、气候、收割时成熟程度等不同而变异。例如，普通玉米的粗蛋白含量一般在8%左右，而有些新品种玉米的粗蛋白含量超过了10%。与鱼粉等蛋白质饲料原料相比，谷类及其副产品的养分含量相对比较稳定，变异范围较小；大豆粕也是一种养分含量变异小的蛋白质补充饲料。

2. 加工 农产品加工技术不同，生产出的产品或副产品质量有较大差异。高标准成套碾米机所生产的米糠主要成分是胚芽和米粒种皮外层，而低标准碾米机则生产出混杂有相当一部分稻壳的低质量米糠。在溶剂浸出过程中，热处理温度过低或过高所生产的大豆粕质量都会比温度适当所生产的大豆粕质量差。

3. 掺假 颗粒细小的饲料原料易于掺假，即以一种或多种营养价值较低或者可能完全没有营养价值的廉价细粒物料进行故意掺杂。一般来讲，掺假不仅改变被掺假饲料原料的化学成分，而且降低其营养价值。目前鱼粉、玉米蛋白粉、氨基酸添加剂原料和维生素原料等的掺假使杂现象较严重。常见于鱼粉中的掺假物主要有贝壳粉、水解或膨化羽毛粉、血粉、皮革粉以及非蛋白氮物质如尿素、缩醛脲等。赖氨酸和蛋氨酸是饲料生产中普遍采用的氨基酸饲料添加剂，掺假现象时有发生，主要掺假物有淀粉、石粉、滑石粉等廉价易得原料。其他饲料原料也可能出现掺假现象，如米糠可能会用稻壳掺假，经过细粉碎的石灰石被用作磷酸氢钙的掺杂物。饲料原料掺假、使杂、伪造的形式有：

（1）掺兑　指在原料中掺入非原料可饲物质，以达到以次充好、以假乱真。

（2）替代或使杂　指在原料中掺入非原料不可饲物质，实现以杂增重。往往是以其他物质部分或者全部替代原物。

（3）着色　以染料着色于非原料物或不正常的原料物，掩饰掺假真相和劣质原料。

（4）伪造　指以伪代真，名不符实，即出售与商标完全不符的物质。

4. 损坏和变质 在不适当的运输装卸、贮存和加工过程中，饲料原料会因损坏和变质失去其原有的质量。高水分玉米收获后在不适当的运输装卸情况下，非常容易被真菌污染而损坏。高水分米糠和鱼粉在袋装贮藏条件下会发热、自燃或者很快发生酸败。酸败作用还加快其脂溶性维生素尤其是维生素 A 的损失，使饲料原料质量变得更糟。饲料谷物在不适当的贮藏条件下通常会被虫噬损坏。劣质饲料原料不可能生产出优质的配合饲料，所以选择优质饲料原料并保持其质量是生产优质动物饲料至关重要的环节。

第一章 CHAPTER 1

饲料原料质量检测

确定饲料原料质量如何、是否有掺假或伪造是一项十分细致的工作，因为检测的正确与否是判断品质优劣、能否科学合理组织生产的关键。饲料原料掺假的检测一般按照以下程序进行：

（1）调查了解和掌握当前（地）原料掺假、伪造的基本情况和动态，以缩小检测范围，做到心中有数。

（2）购入或送检原料时，首先应采用感官法、筛分法、容重法等确定是否掺假。根据检测结果和经验，初步划定掺假物范围。

（3）根据初步划定的掺假物范围，可采取显微镜镜检和快速滴定进一步确定掺假的范围，最后再用化学检测的方法确认掺假的种类以及掺假物的含量。

饲料原料品质的检测包括感官检测、物理学检测、化学分析和动物试验四个方面。

第一节　感官检测

感官检测是最普通、最初步、简单易行的鉴定方法，经验及熟练程度是检测人员开展检测工作最重要的先决条件，经验丰富的检验人员对结果的判断有很高的准确性。

检测时，应根据国家颁布的饲料原料标准中的规定内容进行。感官检测对样品不做任何处理，直接通过感觉器官进行鉴定。

（1）视觉　观察饲料的形状、色泽、颗粒大小，有无霉变、虫噬、硬块、异物等。

（2）味觉　通过舌舔和牙咬来辨别有无异味和干燥程度等。

（3）嗅觉　嗅辨饲料气味是否正常，鉴别有无霉臭、腐臭、氨臭、焦臭等。

（4）触觉　将手插入饲料中或取试样在手上，用指头捻。通过感触来判断粒度大小、软硬度、黏稠性、有无掺假物及水分含量等。

下面主要介绍几种常用饲料的感官检测方法。

一、常见植物性饲料原料检测

（一）谷实及其副产品

谷实属于禾本科植物果实。禾本科植物果实的主要外观是果皮和种皮相融合的一种颖果。种子的一般结构由三部分组成：融合在一起的种子外皮（果皮和种皮）、胚或者胚芽（含油量高的部分）、胚乳（贮藏部分，主要含硬的和软的淀粉）。所有这些部分都可用来在体视显微镜下鉴别谷实及其副产品。

1. 玉米 玉米（corn，maize）品种较多，一般用作动物饲料的是黄色和白色硬质玉米。玉米籽粒呈齿形，由皮层、胚乳（贮藏蛋白和淀粉）和胚芽构成。籽粒端部可看见花柱残留（在钝端的基部，即玉米粒与玉米芯轴连接处）。

玉米品种不同，其籽粒大小、形状、软硬各有不同，但同一品种要求籽粒整齐，均匀一致。无异物、虫噬、鼠类污染等。除黄玉米呈淡黄色至金黄色外，其他玉米呈白色至浅黄色，通常凹形玉米比硬玉米的色泽浅。玉米具有特有的甜味，粉碎时有生谷味道，但无发酵酸味、霉味、结块及异臭。通常用粉碎过的玉米饲喂动物，玉米粉碎后应注意掺假的检查。

品质判断与注意事项：

（1）同其他谷类一样，玉米品质随贮存期延长、贮存条件降低而逐渐变劣。储存中品质的降低，大致可分为玉米本身成分的变化，以及霉变、虫害和鼠污染产生的毒素及动物可利用性的降低。

（2）地理环境、季节影响玉米品质。例如，玉米种植面积广，采用机械收割、机械运输与机械干燥，加之凹玉米易碎，故玉米粒不易保持完整，粉率较高，霉菌污染机会亦大。同时玉米如受地理环境影响（高温多湿），加上储存设备不良，则褐变多，黄曲霉毒素高。同一产地不同季节下亦有不同品质，以美国玉米为例，1～2月上市者水分较高，7～9月则较低；粗蛋白质含量亦随之相对变化（冬低夏高）。

（3）受霉菌污染或酸败的玉米均会降低畜禽食欲及营养价值，若已产生霉素则有高度危险，故进口或购买玉米均规定有黄曲霉毒素限量，有异味的玉米应避免使用。

（4）许多因素影响玉米的贮存

①水分含量　温差会造成水分的变动，高水分玉米更容易发霉。

②变质程度　发霉的第一征兆就是胚轴变黑，然后胚变色，最后整粒玉米

呈烧焦状，变质程度高者应即刻另做其他用途，切勿再储存。

③破碎程度　玉米一经破碎，即失去了天然保护作用。另外，虫蛀、发芽、掺假之程度也会影响玉米的耐贮存性。

2. 小麦及小麦麸　小麦粒为椭圆形，黄褐色，顶端不尖锐并具有毛簇。腹沟深，长6～8mm，贯穿麦粒。背部的底端是胚芽，约占麦粒的6%。麦粒中胚乳占82%～86%，麸皮或种子外皮约占13%，胚芽约占2%。磨粉后，麸皮和胚芽同胚乳分离开来。副产品主要分为小麦胚芽、麸皮、粗尾粉和细尾粉四种。有些面粉厂将副产品全都混在一起出售，称为统混小麦饲料。小麦副产品可根据籽粒特征予以判别。

小麦麸（麸皮，wheat bran）是小麦粒在磨制面粉制造过程中所得的副产物，包括果皮层、种皮层、外胚乳及糊粉层等部分在内。呈粗细不等的片状，疏松，不应有虫蛀、发热和结块等现象。呈淡黄褐色至红灰色，但依小麦品种、等级和品质而异。具有粉碎小麦特有的气味，不应有发酵酸味、霉味或其他异味。见彩图2。

品质判断与注意事项：

（1）麸皮为片状，故掺假时很容易辨别；粗细则受筛别程度及洗麦用水多少而异。

（2）麸皮易生虫，故不可长久贮存；水分含量超过14%时，在高温高湿下容易变质，饲喂时应特别注意。

（3）小麦粗粉（wheat flour middlings）是制面粉过程的另一副产物，因其呈粉状，辨识不易。由于此品种产品市场需求高，掺假的可能性大。一般掺假的原料有麦片粉、燕麦粉、木薯粉等低价原料。可依风味、物理特性及镜检（可观察其淀粉颗粒的形状）来区别。

（4）次粉为浅白色至褐色细粉状小麦制（粗）粉副产品，主要由不同比例的麸皮、胚乳及少量胚芽组成，其品质介于普通粉与小麦麸之间。在水分不超过13%时，以87%干物质计算，一级品CP≥15%、CF≤3%、灰分<3%；三级品CP≥10%、CF≤9%、灰分<4%。

3. 高粱　依品种不同，高粱籽实的形状、粒度和颜色有差别。高粱籽实稍呈圆形，端部不尖锐，直径4～8mm，一端带有黑色斑痕，是附着于穗茎的印记；另一端有两个花柱的皱缩残留。高粱籽实依品种有白色、黄色、褐色或黑色外皮，内部淀粉质则呈白色，故粉碎后颜色趋淡。籽实局部被颖片覆盖，其颜色各异，有黄褐色、红褐色或深紫色，并带毛。粉碎后略带甜味，但不可有发酵、发霉现象。深色籽实通常带苦涩感，乃含有单宁酸所致，其主要存在于壳部，色深者含量较高。与玉米一样，其仁粒有两种淀粉，胚乳外层淀粉较硬，系角质淀粉；而内层淀粉色白，较为粉质化。高粱粉碎之后皮层一般仍附着在角质淀粉上，高粱的淀粉层含角质淀粉较多，所以颗粒较硬，其淀粉颗粒的形状与玉米相似。

褐高粱（brown sorghum）通常称为黑高粱，含高量单宁酸（1%～2%），具有苦味，适口性差，一般不宜作饲料用。黄高粱（yellow sorghum）通常也称为红高粱，是一种低单宁酸含量的品种（0.4%以下），适口性好，原产自美洲和澳大利亚。白高粱单宁酸含量低，粒小，产量较低。混合高粱（mixed sorghum）是上述高粱的混合种，通常指黄高粱中所含褐高粱超过10%。见彩图3。

品质判断与注意事项：高粱的颜色由白至黑褐均有，其中褐色成色物质即为单宁酸，带敛收性，具有苦味，含量愈高，则适口性愈差。单宁酸含量高的褐高粱，鸟类拒食，故称为“抗鸟种”。单宁酸除引起适口性问题外，其主要危害是降低蛋白质及氨基酸的利用率，可引起雏鸡脚弱症，降低饲料利用率、产蛋率及种鸡的受精率。

4. 稻米副产品 稻谷长而窄，品种各异，有厚的纤维状外壳。稻壳占稻谷总重量的20%，富含硅，由外稃和内稃构成；外表面有横纹线，并有针刺似的茸毛。无花颖片附着在稻谷的底端，有些品种的稻谷顶端有芒，有些则没有。

稻谷脱壳后即为糙米。糙米仍被糠层包裹着，经研削后可除去糊粉层和胚芽。碾米可得到三种主要副产品，即统糠、米糠和碎米，都用作动物饲料。统糠含有大量稻壳、少量米糠和一些米粞。碎米是碾米过程中从较大的米粒中分离出来的小碎粒。根据分离工艺不同，碎米的粒度一般有三种，即为整米长度的1/2、1/3和1/4。

全脂米糠（rice bran）为糙米碾白时，被脱除的果皮层、种皮层及外胚乳、胚芽，并混有淀粉层等混合物。其内也可能混有少量不可避免的粗糠（稻壳）、碎米及钙质。米糠的粗纤维含量应在13%以下，如果碳酸钙含量在3%以下，则此米糠的名称应附加注明，如“全脂米糠，含碳酸钙x%以下”。米糠为淡黄色或黄褐色，具有米糠特有的风味，不应有酸败、霉味及异臭出现。粉状，略呈油感，含有微量碎米、粗糠，其数量应在合理范围内，不应有虫蛀及结块等现象。见彩图4。

品质判断与注意事项：

（1）全脂米糠因油脂含量高（12%～15%），容易氧化酸败，一般测定其游离脂肪酸含量即可知酸败程度。

(2) 米糠中含粗糠比例的多少也会造成其成分差异和品质不同，一般可用粗糠中所含木质素来定性与定量判断。进口米糠中，粗糠通常混合量在5%～30%。

(3) 利用相对密度分离法可知其粗糠及磷酸钙含量的多少，从而判断其等级。

(4) 粗糠含 SiO_2约 17% (11%～19%)，检测硅 (SiO_2) 的含量，再乘以 5.9 (100/17) 即为所掺粗糠的估计量。

5. 大麦 整粒大麦为纺锤形，有五个棱角，腹沟宽而浅。大多数品种的大麦，包裹籽仁的外壳占整个麦粒重量的 10%～14%，有些有芒。外壳为淡黄色或黄褐色，背部表面光滑而不太亮，腹部有皱纹。去芒后外壳仍附着在颖果上。与小麦外壳相比，大麦外壳较薄并且光泽较淡。大麦仁较硬，粉质性较大。大麦产品的种类很多，如麦芽、啤酒糟、大麦磨粉副产品、大麦制米副产品以及大麦粉。这些都可以根据颖果的一种或多种特征予以判别。见彩图 5。

6. 脱脂大豆粉 脱脂大豆粉是大豆种子经压榨或溶剂浸提油脂后的粕，再经适当加热处理与干燥后的产品。淡黄褐色至淡褐色。暗褐色的黄豆粕是由于过度加热处理造成，一般这种产品比较不受欢迎。淡黄色者为加热不足的征兆，尚存有尿素酶。烤黄者有豆香味，但不应有酸败、霉坏及焦化等味道，也不应有生豆味。脱脂大豆粉 (defatted soybean flour) 为片状或粉状。

脱脂大豆粉品质判断与注意事项：

(1) 脱脂大豆粉为粗片状或细粉状，由外观颜色及壳粉的比例，可大概判断其品质。若壳太多，则品质差；颜色呈浅黄或暗褐色都表示加热不足或过热处理，品质也较差。

(2) 生大豆含有抗胰蛋白酶因子、血细胞凝集素、甲状腺肿源及尿素酶等抗营养因子。如未经适当加热处理，未把上述抗营养因子除去，会妨碍其养分的利用。因此应检测其尿素酶活性以判断其品质优劣。

(二) 油料饼粕

多种单子叶植物和双子叶植物以油脂的形式贮存营养。有些植物将油脂贮存在子叶里，有些则主要贮存在胚乳中。

油料饼粕是油料提出油之后的剩余物，它们富含蛋白质。从油料中提取油有两种工艺方法：一种是压榨法，另一种为溶剂浸出法，通常以己烷作溶剂。只有含油量低于 35%的油料适于用溶剂浸出法制油。含油量大的油料必须采取预榨浸出。有些油料如花生、棉籽和向日葵籽外壳厚，壳中含有大量纤维。

压榨或浸出前通过剥壳工艺（破碎并筛分）可把壳全部或部分除去。饼粕的结构和特征取决于原料和提油的工艺方法。

1. 大豆饼粕 大豆籽实粒度、形状和颜色相差较大，但都呈卵圆形或近于球形。水压机压榨的呈圆形饼；螺旋铰压榨的呈瓦块状饼，某些小型榨油厂在压制时用稻草包裹，故饼中可见少量稻草。呈黄色、绿色、褐色或黑色，或者表面有上述各种颜色陈杂于一体的斑点和斑纹。若颜色过深，是由于加热过度所致；若颜色较浅则为加热不足所致，含有较多尿素酶。

籽实由种皮和贮存营养的部分——子叶构成。压榨或浸出之后，剩余的大豆饼粕（soybean meal）用作动物饲料。烤黄者有豆香味，但不应有酸败、霉坏及焦化等味道，也不应有生豆味。

2. 菜籽饼粕 油菜籽为小圆球形，具有稍光滑或呈网状的表面，颜色因品种而异。菜籽粕（rape seed meal）呈片状、饼状或粗粉状，质脆易碎，其中可见明显的菜籽壳，呈破碎的小片状。

采用溶剂浸出法提油之后，菜籽饼呈褐色；菜籽粕呈黄色或浅褐色，无光泽，质脆易碎。具有菜籽饼粕油香味，微辣，无发酵、霉变、结块及异味异臭。

3. 花生饼粕 花生果为长椭圆形，果皮不裂开，长 3～4cm，一般含两粒仁、三粒仁或四粒仁。其外壳为淡黄色，表面有纵横交叉的突筋构成，呈网状，这种网络是由外壳硬层中脉纹的机械组织形成的；外壳下面有一层白而薄的像纸一样的衬里。外壳粉碎时，其表面的一些密实纤维束被除去，还有许多外壳内部白色松软部分被分离开来的碎片，这些在体视显微镜下都容易识别。花生种子外面包有一层薄壁似的种皮，颜色各异，一般为红色或棕黄色，也可能是粉红色或深紫色，种皮有清晰纹理脉管。

花生饼粕（peanut meal）是去壳或不去壳花生提取油后的残渣，去壳花生饼中也含有少量壳。最常用的提油方法是压榨，但也采用溶剂浸出法。

4. 棉籽饼粕 轧棉花将棉绒或者说长毛（即纤维）与棉籽分离开来，但短绒或者说短毛仍保留在棉籽上，其分布状态根据品种而有所不同。除掉短绒后，棉籽看起来就纯净了，其颜色为褐色或黑色，约 12mm 长，沿种粒有一细长的筋（种脊）。小瓦片状或饼状。实际榨油中很难全部去掉棉籽壳，所以可见带有棉绒的棉籽壳碎片。种脐长在种子钝端的种皮下面，圆形，特征与大豆种脐明显不同。棉仁大部分是皱折的子叶，仁内散布着黑色或红褐色含油腺体。压榨和溶剂浸出两种方法都用于棉籽提油。棉籽饼粕呈黄褐色，带壳的棉籽饼粕呈深褐色。具有棉籽饼粕（cotton seed meal）油香味，无发酵、霉变、结块及异味异臭。

5. 芝麻饼粕　芝麻种子粒度小，扁梨籽形，长2.5～3.0mm，宽约1.5mm。芝麻种子可为黑色、褐色或白色，表面光滑或稍有纹理，或者呈网状和带有微小突起。种子含蛋白质20%～25%，油45%～55%。提油后剩下的饼粕呈褐色或黑褐色。芝麻饼粕（sesame seed meal）含蛋白质约35%，并含有数量可观的钙和磷。

6. 葵花子饼粕　向日葵的果实底部尖，顶部圆，稍微带有四个角，大小各异，颜色和印记有白色、奶油色乃至黑色，或者白色而带有黑色纵向条纹，籽仁内含有丰富的油。葵花子外包有外壳，占种子重量的35%～50%，脆质外壳内是柔软的白色种皮，并可看出由胚芽、子叶和一个尖尖的胚根构成的籽仁。壳的外表面孪生绒毛，长在伸长细脆的顶端，细胞内含有深色色素。黑色向日葵籽全都有这种色素。绒毛除掉后留有小黑点似的疤痕。葵花子饼粕是去壳或不去壳浸出油后的残渣，但去壳的葵花子饼粕（sunflower seed meal）仍有壳的残片。

二、常见动物性饲料原料的检测

（一）肉骨粉

肉骨粉（meat and bone meal）是屠宰场或肉联加工厂所生产的肉片、肉屑、皮屑、血液、消化管道、骨、角、毛等，将其切断，充分煮蒸并经压榨，尽量将脂肪分离后的残余部分，经干燥后制成的粉末。肉骨粉一般采用直接蒸汽（湿炼法）或蒸汽压力法加工生产。在湿炼法加工过程中，物料被直接蒸汽加热，将脂肪分离掉，然后挤压剩余物以除去残留脂肪，再干燥、粉碎。这种方法生产出的骨粉中有骨、肉、血和腱的碎颗粒。但是采用蒸汽压力法加工出的骨粉为白色到灰色粉粒体，很少有骨、肉和腱的碎颗粒。含磷量在4.4%以上者称为肉骨粉，4.4%以下称为肉粉。

1. 颜色　金黄色至淡褐色或深褐色，含脂量高或过热处理颜色也会加深，一般猪肉骨制成的肉骨粉色较浅。

2. 味道　新鲜的肉味，并具有烤肉香及牛油、猪油味道。储存不良或变质时，会出现酸败时的哈喇味。

3. 形状　粉状，含粗骨；颜色、味道及成分应均匀一致，不可含有过多的毛发、蹄、角及血液等。

4. 检验方法　可根据毛、蹄、角及骨等的基本特征检验肉骨粉。

（1）肌肉纤维　有条纹，白色至黄色，有较暗及较淡之表面的区分。

（2）骨　颜色较白、较硬，形状为多角形，组织较致密，边缘较圆，平整，内有点状（洞）存在，点状为输送养分处。家禽骨为淡黄色椭圆长条形，较松软、易碎，骨头上的腔隙较大。

（3）皮与、角蹄　皮本身的主要成分是胶质；与角、蹄的区别法见表1-1。

（4）毛　动物的毛呈杆状，有横纹，内腔是直的。家禽的羽毛呈卷曲状。

表1-1　皮与角、蹄区别的方法

	1∶1醋酸	加热水	加HCl
动物胶质、明胶	会膨胀	胶化、溶解	不冒泡
角、蹄	不会膨胀	不溶解	会冒泡但反应慢

5. 肉骨粉品质判断与注意事项

（1）肉骨粉及肉粉是品质变异相当大的饲料原料，组成成分和利用率好坏之间相差相当大，故成分与效果不易控制。

（2）原料的品质、成分、加工方法、杂质及储存时间等均会影响产品的品质。腐败原料制成的产品品质必然不良，甚至有中毒的可能；过热产品会降低适口性及消化率。溶剂浸提法提取油脂的产品脂肪含量低，温度控制较容易。含血多者蛋白含量较高，但消化率差，品质不良。

（3）肉骨粉及肉粉细菌污染的可能性极高，尤其以沙门氏菌污染最受关注，应定期检查活菌数、大肠菌数及沙门氏菌数。

（4）肉骨粉掺假的情况较多，最常见的是掺假水解羽毛粉、血粉等。较恶劣者则添加生羽粉、贝壳粉、蹄、角、皮革粉等。

（5）正常产品的钙含量应为磷量的2倍左右，比例异常者即有掺假的可能。

（6）灰分含量应为磷量的6.5倍以下，否则即有掺假的嫌疑。肉骨粉的钙、磷含量可用下法估计：钙量％＝0.348×灰分％。

（7）肉骨粉及肉粉所含的脂肪高，易变质，造成风味不良，故应检测其酸价及过氧化价。

（二）水解羽毛粉

水解羽毛粉（hydrolyzed feather meal）是家禽羽毛经清洗、高压水解处理、干燥、粉碎而成的制品。有些生产者仅以家禽羽毛作原料，有些则使用家禽羽毛、内脏、头和脚。家禽羽毛可分为三类：①外廓羽毛，具有硬的羽干和结实的羽片；②绒毛，位于外廓羽毛下面，由软的羽干和羽片组成，有些绒毛的羽支直接从羽毛管的根部伸出；③针状羽，有一根纤细得像轴一样的毛，带有很少几根羽支或者没有羽支。

羽毛有一坚硬的像轴似的杆，称为羽干。其下部插入皮肤内，空心，半透明，称为羽毛管或羽根。末梢部分称为羽片，而贯穿羽片的茎称为羽轴。羽片由一系列平行的羽支构成，每一羽支的两侧各有一羽小支，羽支一侧的羽小支具有小钩，能将相邻的羽支连到一起。

1. 颜色　因羽毛色深浅不同而呈现不同颜色，浅色生羽毛所制成的产品呈金黄色，深色（杂色）生羽毛所制成的产品为褐色至黑色，加温过度会加深成品颜色，有时呈暗色，可能是在屠宰作业时混入了血液所致。

2. 味道　新鲜的羽毛有臭味，但加工后的水解羽毛粉不应有焦味、腐败味、霉味及其他刺鼻味道。

3. 形状　粉末状，同批次产品的色泽、成分及质地应一致。

4. 品质判断与注意事项

（1）影响羽毛粉品质的最大因素是水解的程度，过度溶解（如果胃蛋白酶消化率在85%以上）乃蒸煮过度所致，会破坏氨基酸，降低蛋白质品质。同样，水解不足（如胃蛋白酶消化率在65%以下），乃蒸煮不足所致；双硫键结合未分解，蛋白质品质亦不良。处理程度可用容重加以判断，因原料羽毛很轻，处理后会形成细片状与高浓度块状，致容重加大。

（2）加入石灰可促进蛋白质分解，且可抑制臭氧产生，但也同时加速氨基酸的分解，胱氨酸损失可达60%，其他必需氨基酸损失20%～25%，因而在规定中就不应使用这一类促进剂（如石灰）。

（3）羽毛粉原料在处理前不应有腐败现象，因为羽毛一旦浸水，放置一段时间后，会马上产生恶臭造成公害。因此，与屠体分离后的羽毛，应尽早处理。

（4）产品颜色变化大，深色者如果不是由于制造过程中因烧焦而产生的，则在营养价值上并无差别。

（三）鱼粉

鱼粉（fish meal）是各种鱼类的全身或鱼身的某一部分，经油脂分离、干燥后压制成的粉末状产品。一般来说，鱼粉是通过加压蒸煮，干燥以降低水分，然后粉碎加工出来的。有些鱼粉加工厂在干燥前经过一道脱脂工序。鱼粉是一种稍显油腻的粉状物，通常含有骨刺和鱼鳞，颜色上有差异，包括黄色、灰色、褐色或红褐色，带鱼腥味，但不应有哈喇味和腐烂味。鱼粉蛋白质质量好，但许多因素可造成其成分和结构上的差异，如原料产地和成分的差异，整鱼和鱼下脚料的比例，加工方法的不同（包括脱脂、加热处理、干燥和含沙量等）。

1. 颜色 应有新鲜鱼粉之外观，色泽随鱼种不同而异。墨罕敦鱼粉呈淡黄色或淡褐色，白鱼粉呈淡黄或灰白色，沙丁鱼粉呈红褐色。加热过度或含脂较高者，颜色加深。

2. 味道 具有正常的鱼腥气味，或者烹烤之鱼香味，并稍带鱼油味，混入鱼溶浆腥味较重，但不应有腐败、氨臭及焦煳等不良气味。

3. 形状 粉末状，含鳞片、鱼骨等。加工良好的鱼粉具有可见之肉丝，但不应有过热颗粒及杂物，也不应有虫蛀、结块等现象。

4. 鱼粉可通过鱼骨及鱼鳞对比来鉴别

(1) 鱼肉 肌肉纤维有条纹，与肉骨粉难以比较，但鱼肉的颜色较淡。

(2) 鱼骨 呈细长薄片不规则形，较扁平，一般呈透明到不透明之银色或淡色，鱼骨之裂缝呈放射状。

(3) 鱼鳞 为扁平形，透明薄片，有时稍扭曲。在高倍显微镜下可看到同心轮，有深色带及浅色带而形成年轮。

(4) 牙齿 呈圆锥形，较锋利。

(5) 鱼粉内含有食盐，呈晶状体，如遇 $AgNO_3$ 作用，可产生 AgCl 白色沉淀。

5. 鱼粉品质判断与注意事项

(1) 贮存期间品质的变化 高蛋白高脂肪的原料容易受环境的影响而降低其营养价值甚至变质，鱼粉就是一个典型的例子。鱼粉贮存期间造成品质下降的因素有：

①霉害 高温高湿，贮存条件不良容易发霉。发霉使鱼粉失去原有风味，适口性降低，品质降低，并有中毒的危险。

②虫害 炎热潮湿的气候极易造成虫害，常有昆虫着生，包括卵、幼虫及蛾，造成失重、养分破坏，其排泄物亦可引起毒害。

③褐色化 在贮存不良时，鱼粉表面便出现黄褐色的油脂，味变涩、难消化，主要是鱼油被空气中的氧气氧化形成醛类物质，再与蛋白质降解产生的氨及三甲胺等作用所生成的有色物质。

④焦化 长途运输中，鱼粉高含量的磷容易引起自燃，产生的烟或高温使鱼粉呈烧焦状态。鸡食后容易引起食滞，应多加注意。

⑤鼠害 鼠害损失亦大，啃食损失及排泄物污染外，并传播寄生虫及病原菌。

⑥蛋白质变性 通常贮存后总蛋白不变，但蛋白质消化率会减少，并有氨臭产生，造成家畜拒食。

⑦脂肪氧化 形成强烈油臭，畜禽拒食，且破坏其他营养成分。

(2) 黏性的变化　鱼粉除由味道、色泽等外观形状判别外，一般越新鲜的鱼粉其黏性越佳（因鱼肉的肌纤维富有黏着性），其判断方法为：鱼粉和 α-淀粉按照 3∶1 的比例混合，加 1.2～1.3 倍的水，然后用手拉，根据其黏弹性判断。黏弹性优者，该鱼粉品质为佳。

(3) 常见的掺假物　鱼粉价格高，掺假的可能性较大，因此购买鱼粉时，必须提高警觉，不能过分依赖所定的规格。一般常用来掺假的原料有血粉、羽毛粉、皮革粉、尿素及树脂、肉骨粉、不洁之畜禽肉、锯木屑、花生壳粉、粗糠、钙粉、贝壳粉、海砂、糖蜜、尿素、蹄角、硫酸铵、鱼肝油、鱼精粉、棉籽粕等。这些物质有些是为了提高粗蛋白质含量即含氮量，有些是为了增加重量，有些是用来改变成品的物理性状，有些是调整气味、色泽之用，有些兼有数种目的，但大多数是廉价而不能消化吸收的物质。

(4) 相对密度分离　鱼粉中加入标准相对密度液（1.50），分离出有机物及无机物，根据其含量可判别鱼粉品质，如无机物含量多，则此鱼粉品质等级较差。另外，可进一步就有机物及无机物进行镜检判别。

(5) 燃烧判断　如鱼粉中掺有皮革粉、羽毛粉、轮胎粉时，则可把鱼粉用铝箔纸包后用火点燃，并由其产生的气味来判别。

（四）血粉

动物的血液经凝固、加压、干燥、粉碎后形成的粉末。向屠宰动物的血液中直接通入蒸汽煮到温度达 100℃即凝结成块。排出多余水分后，将血挤压，用蒸汽加热干燥，而后粉碎即成血粉（blood meal）。血粉是深巧克力色的粉状物，具有特殊气味。在另外一些加工工艺过程中，将蒸煮后的血采取喷雾干燥或环形气流干燥，从而使得生产的血粉组织结构有所不同。血粉物理性状见表 1-2。

表 1-2　不同干燥方法所得血粉的物理性状

项目	蒸馏干燥	瞬间干燥	喷雾干燥
颜色	红褐至黑色，随干燥温度的增加而加深色泽	一致的红褐色	
味道	应新鲜，不应有腐败、发霉及异臭，如有辛辣味，可能血中混有其他物质		
溶解性	略溶于水	不溶于水	易溶于水及潮解
质地	小圆粒或细粉末状，不应有过热颗粒及潮解、结块现象	粉末状，不应有潮解、结块现象	
细度	98%可通过 10 号标准筛，100%可通过 7 号标准筛		
相对密度	0.48～0.60kg/L		

品质判断与注意事项：

（1）干燥方法及温度是影响品质的最大因素，持续高温会造成大量赖氨酸结合或失去活性，因而影响单胃动物的利用率，故赖氨酸利用率是判断其品质好坏的重要指标。

（2）同属蒸煮干燥产品，其水溶性差异变化很大，低温制造者水溶性较强，高温干燥者水溶性差，故可由其水溶性作为品质判断的依据。

（3）水分不宜太高，应控制在12%以下，否则容易发酵、发热。水分太低者可能加热过度，颜色趋黑，消化率亦降低。

第二节　物理学检测

物理学检测主要指饲料原料的容重测量和显微镜检测。制备用于显微镜观察的样品时，必须将试样彻底混匀。饲料原料样品的容重应做记录，并与纯料的容重对比。若含有杂质或掺假物，容重即会改变（或大或小）。此时应再对样品做更仔细的观察，特别注意细粉粒。一般来说，掺假物有时被粉碎得格外细以逃避检查。当然，实际上纯原料粉碎后每单位容积的最终重量应该是恒定的。下一步就取决于分析人员的技艺，通过考虑饲料的形状、颜色、粒度、松软度、硬度、组织、气味、霉菌和污点等来鉴别其外观。

一、饲料容重的测定

原理：容重是测定单位体积饲料的重量（g/L）。各种不同的饲料都有其一定的容重，若饲料原料掺有杂质或混入异物，容重就会改变。表1-3列出了一些常用饲料原料的容重。

表1-3　常用饲料原料的容重

饲料	容重（g/L）	饲料	容重（g/L）	饲料	容重（g/L）
小麦	610.2～626.2	棉籽壳	192.7	干啤酒糟	321.1
小麦麸	208.7	棉籽饼粕	594.1～642.3	干啤酒酵母	658.3
小麦细尾粉	321.1	稻壳	337.2	全脂奶粉	642.3
大麦	353.2～401.4	羽毛粉	545.9	油脂（植物-动物）	834.9～867.1
燕麦	273.0～321.1	鱼粉	562	脱脂乳	642.3
燕麦粉	352.2	虾粉	401.4	乳清粉	642.3
苜蓿（晒干）	224.8	血粉	610.2	花生饼粕	465.6
玉米	626.2	肉粉	786.8	大豆饼粕	594.1～610.2

（续）

饲料	容重（g/L）	饲料	容重（g/L）	饲料	容重（g/L）
玉米粉	701.8～722.9	肉骨粉	594.2	脱壳大豆	642.3
玉米和玉米芯粉	578	碎米	545.9	大豆壳	321.1
玉米麸质饲料	481.7	米粉	809.3～821.7	高粱	545.9
玉米麸质粉	529.9～545.9	米糠	350.7～337.2	高粱粉	706.9～733.7

（一）饲料容重测定样品的制备

若测整粒谷物饲料容重，只需要将谷粒彻底混合，无需粉碎，但对颗粒、碎粒和粉碎状态的饲料，则必须用效果均匀的粉碎机（10 目筛板）粉碎。

（二）测量步骤

（1）用四分法取样，然后将样品轻轻、仔细地放入 1 000mL 的量筒内，直到正好达到 1 000mL 为止；用刮铲轻轻将试样刮平。注意在倒入样品时，切勿敲打量筒或用力压实。

（2）将量好的 1 000mL 饲料样品倒入台秤秤盘中称重。

（3）以 g/L 为单位计算样品的容重（每个样品反复测量三次，以其平均值作为容重）。

二、饲料的显微镜检测

显微镜检测是一种快速、准确、分辨率高的饲料质量检测方法，它可以检查出用化学方法不易检出的项目，是检查饲料掺假定性和定量分析的有效方法。借助显微镜扩展人眼功能，依据各种饲料原料的色泽、硬度、组织形态、细胞形态及其不同的染色特性等，对样品的种类和品质进行检定。

常用的显微镜检测方法有两种，一种是用体视显微镜（5～40 倍），通过观察饲料样品外部特征进行检定；另一种是使用生物显微镜（50～500 倍）通过观察样品的组织结构和细胞形态进行检定。要求镜检人员必须熟悉各种饲料及掺假物的显微特征。

（一）显微镜检测所需仪器设备和试剂

1. 仪器设备　体视显微镜（5～40 倍）1 台、生物显微镜（50～500 倍）1 台、放大镜（5 倍和 10 倍）各 1 个、样品筛（可套在一起的 10、20、40、60、80 目筛及底盘）1 套、天平（万分之一克分析天平、药物天平各 1 台）、干燥箱 1 台、研钵 1 套、点滴板（玻璃的和陶瓷的各 1 个）、辅助工具（毛刷、小镊子、探针、小剪刀、培养皿、载玻片、盖玻片、擦镜纸、滤纸等）。

2. 试剂 二甲苯、四氯化碳或氯仿（工业级，预先经过过滤和蒸馏处理）、丙酮（工业级）、75%的丙酮（75mL 丙酮用 25mL 水稀释）、碘溶液（0.75g 碘化钾和 0.1g 碘溶于 30mL 水中，加入 0.5mL 盐酸，储存于琥珀色滴瓶中）、悬浮液Ⅰ（溶解 10g 水合氯醛于 10mL 水中，加入 10mL 甘油，储存于棕色滴瓶中）、悬浮液Ⅱ（溶解 160g 水合氯醛于 100mL 水中，并加入 10mL 盐酸）、间苯三酚溶液（间苯三酚 2g 溶于 100mL95%乙醇中）。

（二）饲料显微镜检测步骤

饲料镜检的基本步骤见图 1-1。鉴定步骤根据具体样品进行安排，并非每一样品均需要经过下面所有步骤，以能准确无误完成所有要求的鉴定为目的。

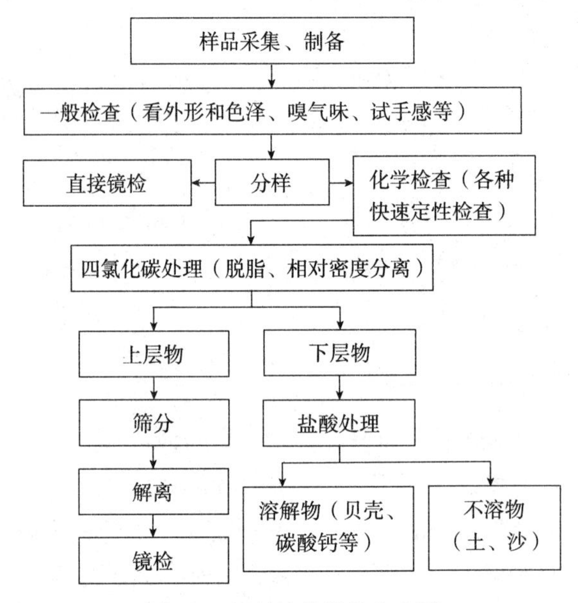

图 1-1　饲料镜检测基本步骤

1. 镜检样品的制备 对不同粒度的单一或混合饲料通过人工筛分初步分离，使样品中在某些方面性状接近的物质相对集中，以便于检定。

（1）筛分法　样品若为粉状，可将 10、20、40 目筛套在一起进行人工筛分，将每层筛面上的样品分别镜检。如为饼状、碎粒或颗粒状，必须用研钵研碎，但注意不能研磨得如化学分析样品一样细，也不得用粉碎机粉碎，以保持原来的组织形态特征。

（2）浮选法　对有些饲料必须将其有机成分与无机成分分开镜检，可用四氯化碳或氯仿进行浮选。取 10～20g 样品置于 100mL 高型烧杯中，加入 80～90mL 四氯化碳，充分搅拌后静置 10min，将上浮物滤出，干燥，筛分；将沉淀物滤出，干燥。上浮物和沉淀物分别镜检。如将沉淀物灰化，然后用稀盐酸（浓盐酸：水=1：3）煮沸、过滤、水洗、干燥、称重，可得土、沙等物理污染物的含量。

2. 体视显微镜检查　首先应确定样品的颜色和组织结构以获得最基本的资料，并可从分析饲料的气味（焦味、霉味、哈喇味、发酵味）和味道（肥皂味、苦味、酸味）等获得进一步资料。

（1）将筛分过的饲料样品铺在培养皿或玻璃平台上，置于体视显微镜下，调好上方和接近平台的光源，使光以45°的角度照到样品上以缩小阴影。

（2）调节放大倍数至15倍，调节照明情况，选择滤光片以便能清晰观察。先粗看，后细看。在显微镜下从一边开始到另一边，用探针触探，用镊子连续地拨动，翻转着仔细观察，并对样品加压，通过观察物理特点（如颜色、硬度、柔性、透明度、半透明度、不透明度和表面组织结构）鉴别饲料的结构。检测者须反复练习、观察并熟记饲料的物理特点。

（3）观测体视显微镜下的试样，应把多余的和相似的样品组分拨到一边，然后再观察研究以辨认出某几种组分。调到适当的放大倍数，审视样品组分的特点以便准确辨别。

（4）对样品中应存在或不应存在的物质应分别记录，并与标准样品比较。如有必要，可将被检样品放在同一载玻片上进行观察比较。不是饲料原料原有组分的额外部分，若量小称之为杂质，若量大则称之为掺假物。

用体视显微镜检查时要注意两个问题：①由于不同的光源色温不同，因此在不同光源下观察样品的色彩会有差别。以标准日光为全色光，用日光灯作光源，效果偏蓝，用白炽灯则会偏红。②要注意衬板的选择。一般检查深色颗粒用浅色板，检查浅色颗粒时用深色板，以增加对比度，便于观察。

3. 生物显微镜检查　一般可将体视显微镜下不能确定判断的样粒移至生物显微镜下观察。使用生物显微镜分析饲料样品时，一般采用涂布法制片，也可用压片法，但基本不用切片法。

用微型刮勺取少许细粒样品于载玻片上，加两滴悬浮液Ⅰ，用探针搅匀，使样品均匀、薄薄地分布在玻片上，加盖玻片，吸去多余的悬浮液。检查样品时先用低倍镜，后用高倍镜观察。从左上方开始，顺序检查。通常一个样品应观察三张玻片。

由于涂布法制成的样片较厚，而生物显微镜的景深范围有限，调焦时只能看清样品一个很薄的平面。这就要求镜检者有丰富的想象力，在将焦距调节从样片底部到顶部的过程中，应注意将观察到的各个断层综合成立体印象，然后再与标准图鉴进行组织上的比较。

对于不易观察的样品还可借助染色技术。对植物性样品，常用碘染色法和间苯三酚染色法。碘染色法即在样品中加 1 滴碘溶液，搅拌，再观察，此时含淀粉类细胞被染成浅蓝色至黑色，酵母及其他蛋白质细胞呈黄色至棕色。

间苯三酚染色法即用间苯三酚试液浸润样品，放置 5min 后滴加浓盐酸，可使木质素显深红色。注意滴加盐酸后，要待盐酸挥发后才可观察，以免盐酸挥发腐蚀显微镜头。

若做进一步的组织分级，可取少量相同的细粒筛分物，加入约 5mL 悬浮液Ⅱ并煮沸 1min，冷却，移取 1 或 2 滴底部沉淀物置载玻片上，加盖玻片，用显微镜观察。

镜检油类饲料或含有被黏附的细小颗粒遮盖的大颗粒饲料时，取 10g 未研细的饲料置于 100mL 高型烧杯中，在通风橱内加入三氯甲烷至近满，搅拌，放置 1min。用勺移取漂浮物（有机物）于 9cm 玻璃皿上，滤干并在蒸汽浴上干燥，过筛后进行镜检。

镜检因有糖蜜而形成团块结构或模糊不清的饲料时，取 10g 未研磨饲料置于 100mL 高型烧杯中，加入 75％丙酮 75mL，搅拌几分钟以溶解糖蜜，并使其沉降。小心滤析并反复提取，用丙酮洗涤，滤析残渣两次，置蒸气浴上干燥，筛分后镜检。

显微镜镜检技术较难掌握，需要反复练习、对照熟悉各种饲料的形态特征，才能掌握。对于初学者应首先掌握饲料在体视显微镜下的形态特征。

三、常用植物性饲料显微镜检测

（一）常用谷实及其副产品原料鉴定

1. 玉米 体视显微镜检测特征：①皮层光滑、半透明、薄，并带有平行排列的不规则形状的碎片物。②胚乳具有软、硬两种胚乳淀粉。硬淀粉或者叫角质淀粉有黄色、半透明的特点；软淀粉系粉质、白色，不透明，有光泽。③胚芽呈奶黄色，质软，含油（彩图 6）。

玉米芯由茎秆变化而来，横切面可以分为三层：①外层是苞片（壳），脱粒后仍有大量的颖片附着在苞片上。②中间部分（木质部和韧皮部）看起来像木材且很硬。③中央部分（髓）呈海绵状，多孔、柔软，白色或奶油色。

鉴别粉碎后的玉米芯可根据其非常硬的木质组织结构特征，常成团或呈不规则形片状，有白色海绵状的髓、苞片和颖片（很薄，呈白色或淡红色，有脉）。见彩图 6。

2. 小麦麸　体视显微镜检测特征：①小麦麸皮粒片大小可异，呈黄褐色，薄，外表面有细皱纹，内表面黏附有不透明白色淀粉粒。②麦粒尖端的麸皮粒片薄，透明，附有一簇长长的有光泽的毛。③胚芽看起来软而平，近乎椭圆，含油，色淡黄。④淀粉颗粒小，呈白色，质硬，形状不规则，半透明，有些不透明或有光泽的淀粉粒附着在麸皮碎片上（彩图 7）。

3. 高粱　体视显微镜检测特征：①皮层紧紧地附在硬质淀粉（角质淀粉）上，颜色为白色、红褐色或淡黄色，依品种而异。②硬质淀粉不透明，表面粗糙；而软质淀粉色白，有光泽，呈粉状。③颖片硬而光滑，光泽的表面上有毛显现，颜色为淡黄、红褐直至深紫（彩图 8）。

4. 大麦　体视显微镜检测特征：①外壳碎片呈三角形，具有突筋或脉，较薄。表面光滑而色泽暗淡，组织结构粗糙，呈淡黄色。②麸皮光泽暗淡、褐色，仍黏附有麦仁碎粒。③淀粉为粉质性，色白，不透明，有光泽（彩图 9）。

5. 稻米副产品　体视显微镜检测特征：①稻壳呈不规则片状，外表面可见有光泽的横纹线，颜色黄到褐色。②米糠为很小的片状物，含油，呈奶油色或浅黄色，并结成团块。脱脂米糠则不结团块。③米糠表面光滑，呈小而不规则形状，半透明，质硬、色白。蒸谷米的碎米则为黄褐色。碎米的粒度大于米糠或统糠中的米粞的粒度，截面呈椭圆形。④胚芽呈椭圆形，平凸状，与米粞相连的一边弧度大，含油。有时可看到胚芽已破碎成屑（彩图 10）。

（二）油料饼粕鉴定

1. 大豆饼粕　体视显微镜特征：①外壳的外表面光滑，有光泽，并有类似针刺过的印记，其内表面为黄白色，不平整，为多孔海绵状组织。外壳碎片通常紧紧地卷曲。②种脐为坚硬的种斑，长椭圆形，带有一条清晰的裂缝（有些可从碎片上看出），颜色有黄色乃至褐色或黑色。③浸出粕颗粒的形状不规则，扁平，一般硬而脆。豆仁颗粒看起来无光泽，不透明，呈奶油色乃至黄褐色。压榨饼粉一般是压榨过程中豆仁颗粒与外壳颗粒因挤压而结成的团。这种颗粒状团块质地粗糙，其外表颜色比内部的深（彩图 11）。

2. 菜籽饼粕　体视显微镜特征：①种皮和籽仁碎片相互分离。种皮薄，硬度中等；外表面为红褐色或黑褐色，种皮有网状结构；内表面有柔软的半透明白色薄片附着在表面上。②籽仁为小碎片，形状不规则，呈黄色乃至褐色，无光泽，质脆（彩图 12）。

3. 花生饼粕　体视显微镜特征：①外壳表面有突筋，并呈网状结构。花生壳被粉碎后，其碎片硬层为褐色，较外层为淡黄色，内层为不透明白色。较外层和内层质地软。纤维束呈黄色，长、短纤维束交织一起，故有韧性。②种皮非常薄，呈粉红色、红色或深紫色，并有纹理（彩图13）。

4. 棉籽饼粕 体视显微镜特征：①可观察到絮状纤维，白色丝状物，半透明，似细粉丝状，倒伏张开或卷曲形，常附着在外壳上或饼粕粉中。棉絮丝上往往黏有杂质小颗粒。②棉籽壳：外壳碎片为弧形物，颜色为淡褐色乃至深褐色或黑色，厚硬而有韧性，沿其边沿方向有淡褐色和深褐色的不同色层，并带有阶梯状的表面，即外壳表面有网状结构的突起。③种脐看起来是厚厚的碎片，呈淡褐色乃至深褐色。④棉仁碎片为黄色或黄褐色，含有许多圆形、扁平的黑色或红褐色油腺体和淡红色棉酚色素腺体。棉籽压榨时将棉仁碎片和外壳都压在了一起，看起来颜色较暗，每一碎片的结构难以看清（彩图14）。

5. 芝麻饼粕 体视显微镜特征：种皮具有一个显著的特点，即带有微小的圆形透明突起，其外表面为不透明白色，因此只要根据种皮碎片就能鉴别芝麻饼粕的种子结构。其种皮薄，呈黑色、褐色或黄褐色，大小和形状不规则，带有一些无光泽或有光泽的颗粒面（彩图15）。

6. 向日葵籽饼粕 体视显微镜特征：①外壳碎粒的大小、长度和形状各异，硬而脆，呈白色或白色中带有黑色条纹。有些外壳碎粒在白色或黑色条纹褪掉后呈奶油色，且外表面有深的平行线迹，光滑而有光泽，内表面则粗糙。②仁粒的粒度小，形状不规则，颜色为黄褐色或灰褐色，无光泽（彩图16）。

四、常用动物性饲料显微镜检测

（一）骨粉

体视显微镜特征：①湿炼法生产的骨粉颗粒为小片状，不透明，白色，光泽暗淡，表面粗糙，质地坚硬，用镊子钳难以使其破碎。有时骨粉颗粒表面上有血点或者里面有血管的线迹。蒸汽压力法生产的骨粉颗粒一般比湿炼法生产的骨粉颗粒容易破碎。②腱和肉的小片颗粒形状不规则，半透明，呈黄色乃至黄褐色，质硬，表面光泽暗淡或光滑。用50%浓度的醋酸试验时，腱膨胀变软并呈凝胶状；肉颗粒变软，并能破裂呈肌肉纤维。③血在显微镜下为小颗粒，形状不规则，呈黑色或深紫色，难以破碎，表面光滑但光泽暗淡或者缺乏光泽。④毛可能为或长或短的杆状，红褐色、黑色或黄色，半透明，坚韧而弯曲（彩图17）。

（二）鱼粉

体视显微镜特征：①呈现为小的颗粒状，表面无光泽，颜色为黄到黄褐色，质地坚硬，但用镊子钳很容易使肌肉纤维断片破碎。肌肉纤维大多呈短断片状，稍显扁平，卷曲，无光泽，表明光滑，且半透明。②骨刺坚硬，颜色呈半透明或不透明白色乃至黄白色，表面光滑、暗淡，大小与形状各异。骨刺的特征取决于鱼粉来自鱼体的部位，如头、腹、躯干和尾巴。一些鱼骨屑呈琥珀色，表面光滑；鱼刺细长而尖，似脊椎状，仔细观察可看到鱼刺破块中有大端头或小端头的鱼刺特征；鱼头骨为片状，半透明，正面有纹理。鱼骨坚硬无弹性。③眼球是一种晶体似的凸透镜状物体，半透明、光泽暗淡，非常硬，表面碎裂，呈乳白色的圆球形颗粒。④鱼鳞是一种薄、平坦或卷曲的薄片状物，近乎透明，有一些同心圆线纹（彩图 18）。

（三）血粉

体视显微镜特征：血粉颗粒的颗粒度和形状各异，边沿锐利，颜色呈红褐色乃至紫黑色，质硬，无光泽或者有光泽，表面光滑。用喷雾法干燥制得的血粉颗粒细小，大多是球形或破球形并结团（彩图 19）。

（四）羽毛粉

体视显微镜特征：①羽干像洁净的塑料管，呈黄色乃至褐色，有长有短，厚而硬，具有光滑表面，透明。外廓羽毛的羽轴大多数有锯齿边，是羽毛脱落处，但是若加热温度过高这一特点即消失，而且颜色变成深褐色或黑褐色。有时在其扁平一面的中心部分可见深深的线痕（槽）。②羽支呈或长或短的小碎片，蓬松，不透明，光泽暗淡，呈白色乃至黄色，有时因加工过程中过度加热而变为黑色。③羽下支呈粉状，白色到奶油色。在高倍体视显微镜下（40×）观察，呈现非常小而松脆的碎片，有光泽，白色到黄色，并结团。④羽根呈厚扁管状，黄色乃至暗褐色，粗糙，坚硬，并带有光滑的边（彩图 20）。

第二章 CHAPTER 2

快速试验和点滴试验的特定分析方法

第一节　矿物质的点滴试验

动物饲料中使用的矿物质（无机化合物）不是自然产生的就是化学合成的。矿物质是骨骼、血液、蛋白质及脂肪的重要成分，并能调节消化液的酸碱度。

样品制备： 混合饲料中的矿物质一般是粉状物或细小颗粒体。首先筛分样品，将较细的颗粒部分倒入盛有氯仿的100mL烧杯中，混合后倒出上浮物，然后将剩下的试料用小勺撒在滤纸上做点滴试验。具体检查方法如下。

一、钴、铜、铁的检测

（一）试剂

（1）溶液A　酒石酸钠溶液（$KNaC_4H_4O_6 \cdot H_2O$）。用蒸馏水溶解100g酒石酸钠，稀释至500mL。

（2）溶液B　亚硝基-R-盐溶液。用蒸馏水溶解1g 1-亚硝基-2-羟基萘-3，6二磺酸钠盐，稀释至500mL。

（二）步骤

（1）用3～4滴溶液A浸湿滤纸。

（2）将试样撒在试纸上。

（3）加2～3滴溶液B。滤纸干燥后，用显微镜仔细检测。

阳性反应：①钴显现粉红色。②铜显现淡褐色，呈环状。③铁显现深绿色（彩图21）。

二、锰的检测

（一）试剂

（1）溶液A　2mol/L氢氧化钠。

（2）溶液B　将0.07g联苯胺二盐酸盐溶解于10mL冰醋酸中，搅拌，再用蒸馏水稀释到 100mL。

（二）步骤

（1）用溶液 A 浸湿滤纸。

（2）将试样撒在试纸上，静置 1min。

（3）加 2～3 滴溶液 B。

（4）若不立即发生反应，可再加溶液 B，但不要溢出。

阳性反应：①氧化锰显现深蓝色，带一黑色中心。②硫酸锰很快显现出较大的浅蓝色斑（彩图 22）。

三、碘的检测（碘-碘化钾试验）

（一）试剂

淀粉试纸（即用淀粉溶液浸湿滤纸）。

溴溶液：1mL 饱和溴水用蒸馏水稀释至 20mL。

（二）步骤

（1）用溴溶液浸湿淀粉试纸。

（2）将试样撒在试纸上。

阳性反应：碘化物显现出蓝紫色（彩图 23）。

四、镁的检测（硫酸镁试验）

（一）试剂

（1）溶液 A　1mol/L 氢氧化钾。

（2）溶液 B　在 25mL 蒸馏水中溶解 12.7g 碘和 40g 碘化钾，搅匀，再稀释到 100mL。

（二）步骤

（1）将溶液 A 与过量的溶液 B 混合制成深褐色混合液（注意：溶液 A 和溶液 B 的混合液变质非常快，要现用现配）。

（2）取少量该混合液，加入 2～3 滴溶液 A 直至其变成淡黄色。

（3）用此淡黄色溶液浸湿滤纸，再撒上少量试样。

阳性反应：镁呈现出黄褐色斑点（彩图 24）。

五、锌的检测

（一）试剂

（1）溶液 A　2mol/L 氢氧化钠。

(2) 溶液B　溶解0.1g双硫腙于100mL四氯化碳中。

(二) 步骤

(1) 用溶液A浸湿滤纸。

(2) 撒上少量试样。

(3) 加2～3滴溶液B。

阳性反应：锌显现出木莓红色（彩图25）。

六、硝酸盐的检测

(一) 试剂

二苯胺、浓硫酸、蒸馏水。

(二) 步骤

(1) 将试样置于白色滴试板上，加2～3滴二苯胺晶粒和1滴蒸馏水。

(2) 再加1滴浓硫酸。

阳性反应：硝酸盐显现深蓝色（彩图26）。

七、磷酸盐的检测

(一) 试剂

(1) 溶液A　溶解5g钼酸胺于100mL冷蒸馏水中，加入35mL硝酸。

(2) 溶液B　溶解0.05g联苯胺（采用联苯胺盐酸盐）于10mL冰醋酸中，并用100mL蒸馏水稀释。

(3) 溶液C　饱和醋酸钠溶液。

(二) 步骤

(1) 用溶液A浸湿滤纸并在烘箱中烘干。

(2) 加1～2滴试样，接着加1滴溶液B和1滴溶液C。

阳性反应：磷酸盐显现蓝色斑点或环（彩图27）。

八、硫酸盐的检测

(一) 试剂

氯化钡（5%）、盐酸（1∶1）。

(二) 步骤

(1) 将试样置于玻璃表面皿上或者培养皿中，然后加2～3滴盐酸。

(2) 加1～2滴氯化钡。

阳性反应：有白色沉淀物产生。

九、硫（游离态）的检测

（一）试剂

氢氧化钠稀溶液、氰化钾（1%）、硫酸（1∶3）、硝酸溶液（1∶2）、氯化铁稀溶液。

（二）步骤

（1）在100mL烧杯中放入1～2g试样，加30mL硝酸，搅拌，静置2～3min让其反应。

（2）取几毫升样品放入瓷坩埚中，加入4～5滴氢氧化钠与其混合。

（3）将坩埚置于电热板上使混合物蒸发变干，然后加2～3滴氰化钾溶液，再次蒸发。

（4）在蒸发的剩余物中加3～4滴硫酸，再加氯化铁溶液。

阳性反应：如有硫存在时，则显现出明显的红色。

第二节　矿物质及其他成分的快速试验

一、磷酸盐的检测

（一）试剂

盐酸（1∶1）。

（二）步骤

（1）取少量试样放在玻璃表面皿或者培养皿中。

（2）加4～5滴冷盐酸，在蒸汽浴上加热。

（3）用手持式放大镜观察，有气泡产生。

二、氯化物的检测

（一）试剂

硝酸银溶液（5%）、硝酸溶液（1∶2）、氨水（1∶1）。

（二）步骤

（1）在100mL烧杯内放入1～2g试样，加30mL硝酸，搅拌，静置2～3min让其反应。

（2）取2～3滴反应液放入玻璃皿中，再加2～3滴硝酸银，即产生白色沉淀。

（3）为了证实试验结果，可加入3～5滴氨水，沉淀即溶解，白色沉淀消失。

三、食盐（氯化钠）

（一）试剂

硝酸银溶液（5%）、硝酸溶液（1∶2）、氨水（1∶1）、标准氯化钠溶液（0%、0.1%、0.2%、0.3%）。

（二）步骤

（1）称1g样品，加100mL蒸馏水，搅拌，用Whatman4号滤纸过滤。

（2）用移液管吸1mL溶液，加入8mL硝酸溶液，搅拌，然后加入1mL硝酸银溶液。

（3）搅拌，并将试验样品与标准样品作比较。试验应在5min内观察完毕。

阳性反应：食盐呈现出白色混浊。

四、糖（蔗糖）的检测

（一）试剂

蒽酮、浓硫酸、蒸馏水。

（二）步骤

（1）取0.1g试样放入20mL试管中，加4～5mL蒸馏水。

（2）握住试管，倾斜40°～45°，沿试管壁加入蒽酮粉末0.05g。

（3）仔细地加入2～3滴浓硫酸。

（4）显示蓝绿色表示存在蔗糖。

五、尿素的检测

（一）试剂

（1）尿素酶溶液　将0.2g尿素酶粉末溶解于50mL蒸馏水中。

（2）尿素标准溶液（0%、1%、2%…5%）。

（3）甲酚红指示剂（0.1%）。

（二）步骤

（1）称取10g试样，加100mL蒸馏水，搅拌，然后用Whatman4号滤纸过滤。

（2）用移液管吸取2mL尿素标准溶液和试样分别放于白瓷滴试板上。

（3）加2～3滴甲酚红指示剂，然后加2～3滴尿素酶溶液。

（4）反应 3～5min，若有尿素存在即显示深红紫色，且如蜘蛛网散开；无尿素存在则显出黄色。

（5）将试验样品与标准样品作比较。此试验应在 10～12min 内观察完毕。

六、血的检测

（一）试剂

（1）溶液 A　溶解 1gP，P-苯甲叉-重-N，N-二甲基苯胺于 100mL 冰醋酸内，然后用 150mL 蒸馏水稀释。

（2）冰醋酸。

（3）双氧水（3%）。

（二）步骤

（1）将几颗血粒试样置于载玻片上。

（2）溶液 A 与 3%双氧水按照用 4∶1 体积比混合（现配现用）。

（3）在试样上加 1～2 滴混合液。

（4）如有血存在，血粒四周即呈现深绿色，反之则为淡绿色。采用低倍显微镜观察。

七、蹄和角的检测

（一）试剂

醋酸（1∶1）。

（二）步骤

（1）为了进行快速试验，挑选 2～3 粒琥珀色试样放入蒸发皿。

（2）往蒸发皿中加 5mL 冰醋酸，让其静置 60min。

（3）若有蹄、角存在，试样颗粒将仍然保持硬而坚韧，明胶则变得软而膨胀。

八、皮革粉的检测

（一）试剂

钼酸铵溶液：溶解 5g 钼酸铵于 100mL 蒸馏水中，再倒入 35mL 硝酸。

（二）步骤

（1）挑选褐色到黑色的试样颗粒，放于培养皿中。

（2）加 3～5 滴钼酸铵溶液，静置 5～10min。

（3）皮革粉不会有颜色变化，而肉骨粉则显示绿黄色。

九、尿酸的检测

（一）试剂

硝酸（1∶1）、氢氧化钠（50%）。

（二）步骤

（1）将2～3g试样放入100mL烧杯中，加50mL蒸馏水，搅拌，静置2～3min。

（2）将试样转移到蒸发皿中，并放在热盘上或者烘箱内加热到100℃左右。

（3）在蒸发皿的边上加几滴（小滴）硝酸，让其流下以浸湿颗粒，然后蒸发0.5～1.0min使之变干。

（4）若尿酸或其他盐类存在，加热时试样颗粒即变成橘红色到深红色。

（5）为了确证，待蒸发皿冷却直至用手背感觉不到热时，用沾有50%氢氧化钠溶液的细玻璃棒在颜色区域快速划动，浓紫色几乎立即出现。

十、尿素酶活性的检测

（一）原理

采用Gold Kist方法，即大豆饼粕尿素酶活性在苯酚红指示剂存在的情况下，可使尿素转化为氨而显色。

（二）试剂

（1）0.1mol/L氢氧化钠，0.05mol/L硫酸。

（2）尿素苯酚红溶液　溶解0.14g苯酚红于7mL0.1mol/L氢氧化钠和35mL蒸馏水中；溶解21g尿素（试剂级）于300mL蒸馏水中。将两种溶液混合，滴加0.05mol/L硫酸至琥珀色（pH 1）。

（三）步骤

（1）将一匙经充分混合的标准大豆饼粕粉（含1%、3%、5%、7%、9%、11%生大豆粉）和试样大豆饼粕分别放入系列培养皿中。

（2）加入5～8滴琥珀色苯酚红溶液，轻轻地旋转以使皿内的样品能均匀浸湿。

（3）静置5min，然后将大豆饼粕粉试样与各标准大豆饼粕粉样品作比较。

（四）读标

（1）No.1稍有活性　散布着的红紫色颗粒很少。

（2）No.2中等活性　约25%的表面覆盖着红紫色颗粒。

（3）No. 3 高活性　约 50%的表面覆盖着红紫色颗粒。

（4）No. 4 非常活性　约 75%的表面覆盖着红紫色颗粒。

（5）No. 5 蒸炒过度　5min 后仍不见有红紫色出现。样品再静置 25min，若仍无红紫色出现，该大豆饼粕即为蒸炒过度。

十一、高粱单宁酸含量的检测

（一）原理

由于单宁酸存在于种皮层及其内部，如以漂白试验除去高粱外皮及鞘膜，可看到种皮层而分辨出是否具有呈色之单宁酸。

（二）试剂

KOH，次氯酸钠。

（三）步骤

取一匙高粱粒置于广口瓶内，加 KOH5g，次氯酸钠（NaClO，一种家庭用漂白剂）1/4 杯，小火加热 7min，干燥后即漂白完成，漂白后的褐高粱呈现一层很厚的棕黑色种皮，而低单宁酸的高粱则呈白色。

第三节　饲料中药物和抗生素添加剂的定性检测

饲料添加剂（包括化学药物和抗生素）因能加快动物生长速度、提高增重效率，而被广泛应用于动物饲养中（2019 年 7 月 10 日，农业农村部第 194 号公告正式发布，部分促生长药物饲料添加剂将逐步退出历史舞台）。然而，一些添加剂的不合理使用也对动物及消费者的健康造成威胁。

本节将介绍药物和抗生素饲料添加剂的快速定性分析方法，以帮助饲料检测人员确认经过注册的加药饲料中到底是否含有某种作为饲料成分添加的药物。检测颜色是唯一能将某种药物从其他饲料组分中鉴别出来的特征。

一、氨丙嘧吡啶（氨丙啉）的检测

氨丙嘧吡啶（氨丙啉）是一类抗球虫药，具有较好的抗球虫效应。氨丙啉对鸡柔嫩、堆型艾美耳球虫作用最强，但对毒害、布氏、巨型和缓艾美耳球虫作用稍差，多与乙氧酰胺苯甲酯和磺胺喹噁啉并用，以增强疗效。氨丙啉对犊牛艾美耳球虫、羔羊艾美耳球虫也有良好的预防效果。

（一）试剂

（1）溶液 A　将 1.25g 铁氰化钾和 3g 氢氧化钠溶解于 500mL 蒸馏水中。

（2）溶液 B　将 50mL 2，7-苯二酚溶解于 500mL 甲醇和 150mL 蒸馏水中。

（3）溶液 C　水、甲醇和氯仿（1∶1∶1）。

（二）步骤

（1）将 4mL 溶液 A 与 13mL 溶液 B 混合。

（2）将 8～10g 试样加入 30mL 溶液 C 中，摇动 1min，然后静置 1min 使其沉淀。

（3）取 5mL 试样的上层清液加入溶液 A 和溶液 B 的混合液，并充分混合。

（4）若有氨丙嘧吡啶存在，溶液即呈紫色。

二、对氨基苯胂酸或对氨基苯胂酸钠的检测

对氨基苯胂酸（arsanilic acid）又称阿散酸，英国将含 20%对氨基苯胂酸的制剂称为 Pro-Gen，中国台湾地区称之为普乐健（含量为 99.5%）。我国的叫法也各不相同，有的称为康乐，有的又根据其英文名字称为 AA 饲料添加剂。它是一种白色、无臭、无味的洁净粉末，可溶于 NaOH 溶液，微溶于水和乙醇，不溶于氯仿和乙醚，是一种药物合成中间体，主要作为抗生素饲料添加剂使用。

（一）试剂

浓盐酸、0.1%亚硝酸钠、0.5%氨基磺酸钠、0.1%N-1-苯基乙烯二胺二盐酸盐水溶液。

（二）步骤

（1）将 0.1g 试样和 4mL 水放入蒸发皿内，边加热边摇动，再加入 1mL 浓盐酸，混合并过滤。

（2）在滤出液中加 0.1%亚硝酸钠溶液 2mL，混合均匀后静置 5min；再加入 0.5%氨基磺酸钠溶液 2mL，混合均匀后静置 2min。

（3）加入 0.1%N-1-苯基乙烯二胺二盐酸盐水溶液 1mL。

（4）如有对氨基苯胂酸存在，即呈紫色。

三、杆菌肽（杆菌肽锌和甲叉双水杨酸杆菌肽）

杆菌肽是由地衣芽孢杆菌和枯草芽孢杆菌产生的一种含有噻唑环的多肽类光谱抗生素。对杆菌肽有激活作用的锌与之络合而形成稳定性好、效价强的杆菌肽锌。杆菌肽锌对畜禽能够起到显著的抑菌、促生长作用。

（一）试剂

（1）茚满三酮溶液 将 200mg 茚满三酮溶解于 100mL 正丁醇中。

（2）醋酸盐缓冲溶液（pH 4） 0.2mol/L 醋酸钠溶液 4mL 和 0.2mol/L 醋酸 16mL 混合溶液。

（二）步骤

（1）用茚满三酮溶液渗透滤纸（Whatman2 号），放入 100℃烘箱中烘 5min。

（2）将 0.1g 试样放在滤纸中央，加 1 滴醋酸盐缓冲液，再放入烘箱内烘 5min。

（3）若有杆菌肽存在，即呈紫粉红色。

四、红霉素（硫氰酸红霉素）

抗菌谱与青霉素近似，对革兰氏阳性菌如葡萄球菌、化脓性链球菌、绿色链球菌、肺炎链球菌、粪链球菌、梭状芽孢杆菌和白喉杆菌等有较强的抑制作用。对革兰氏阴性菌如淋球菌、螺旋杆菌、百日咳杆菌、布鲁氏菌以及流感嗜血杆菌、拟杆菌也有相当的抑制作用。此外，对支原体、放线菌、螺旋体、立克次氏体、衣原体、少数分支杆菌和阿米巴原虫有抑制作用。金黄色葡萄球菌对该药易耐药。

（一）试剂

（1）茚满三酮溶液 将 200mg 茚满三酮溶解于 100mL 正丁醇中。

（2）醋酸盐缓冲溶液（pH 4） 0.2mol/L 醋酸钠溶液 4mL 和 0.2mol/L 醋酸 16mL 的混合溶液。

（二）步骤

（1）用茚满三酮溶液渗透滤纸（Whatman2 号），放入 100℃烘箱中烘 5min。

（2）将 0.1g 试样放在滤纸中央，加 1 滴醋酸盐缓冲液，再放入烘箱内烘 5min。

（3）若有红霉素存在，即呈现紫粉红色。

五、3-（2-喹嗯啉基甲叉）-N1、N4-二氧化物（卡巴多）

卡巴多又名卡巴氧、卡巴得、痢立清、喹肼酯，是喹嗯啉类生长促进剂。卡巴多抗菌谱较广，对大肠杆菌、沙门氏菌、志贺氏菌及变形杆菌等革兰氏阴性菌特别敏感；对革兰氏阳性菌如葡萄球菌、链球菌的最小抑菌浓度也优于金霉素，因而能有效控制猪赤痢及细菌性下痢。卡巴多具有蛋白同化作用，对促进猪的生长及改善料重比具有显著的效果。

（一）试剂

（1）溶液 A　将 4g 氢氧化钠溶解于 1000mL 甲醇中。

（2）溶液 B　将 80g 氯化亚锡（$SnCl_2$）溶解于 80mL 浓盐酸中，然后用甲醇稀释到 1 000mL。

（二）步骤

（1）将 1g 试样与 10mL 溶液 A 混合摇匀，即呈现出黄色。

（2）加入 20mL 溶液 B，混合。

（3）若有卡巴多存在，溶液将由黄变蓝，然后变成紫色。

六、金霉素和土霉素

金霉素对革兰阳性菌和阴性菌均有抑制作用，可治疗畜禽伤寒、白痢等疾病，同时也用作猪、禽促进生长剂。用于 10 周龄以下的肉鸡饲料时，用量 20～50g/t，停药期 7d；用于 2 月龄以下猪饲料时，用量为 25～75g/t，停药期 7d。金霉素是一种高效广谱抗生素，对多种病原菌有较强的抑制作用，常用于动物各种传染性疾病的治疗。金霉素用于治疗或作为饲料添加剂应用，在动物肉、奶、蛋等产品中的残留严重威胁人体健康，能引起再生障碍性贫血和粒状白细胞缺乏症等疾病，低浓度的药物残留还会诱发致病菌的耐药性。欧盟、美国等许多国家（地区）已明确禁止用于生产动物源性食品，并制定了严格的限量标准。

土霉素具有广谱抗菌作用，对敏感菌包括肺炎球菌、链球菌、部分葡萄球菌、炭疽杆菌、破伤风杆菌有效，对猪肺炎支原体、衣原体和螺旋体等也有一定的抑制作用。

（一）试剂

溶液 A：将 10g 硼酸溶解于 300mL 蒸馏水中，边仔细加水边搅拌，然后再加入 700mL 浓硫酸，冰箱贮存。

（二）步骤

（1）将每种试样取少量放在滴试板上或培养皿里，加 2～3 滴溶液 A。

（2）若有金霉素存在，试剂一加入即呈现深紫蓝色。

（3）若有土霉素存在，试剂一加入立即出现亮红色。

（4）若有维生素 A 小粒，则呈现出与金霉素相同的颜色，但保持其球形特征。

反应采用低倍显微镜观察，应注意尽可能迅速观察。

七、痢特灵

痢特灵也称为呋喃唑酮（furazolidone），是一种硝基呋喃类抗生素，可用于治疗细菌和原虫引起的痢疾、肠炎、胃溃疡等胃肠道疾患。呋喃唑酮为广谱抗菌药，对常见的革兰氏阴性菌和阳性菌有抑制作用。农业部将呋喃唑酮列为禁止使用的药物，不得在动物性食品中检出。FDA 也于 2002 年禁止了硝基呋喃类（包括呋喃唑酮）在动物性食品中的使用。

（一）试剂

（1）4%氢氧化钾溶液　将 4g 氢氧化钾溶解于 100mL 乙醇或甲醇中。

（2）N，N-二甲基甲酰胺。

（3）Wirthmore 溶液　将 10mL 氢氧化钾溶液与 90mL N，N-二甲基甲酰胺混合（现用现配）。

（二）步骤

（1）将 25mL Wirthmore 溶液放入 50mL 的烧杯内。

（2）用刮勺取一定量的试样，拿在靠近烧杯的上方，每次轻轻敲抖少量试样于烧杯中，在试样粒沉淀过程中注意观察。

（3）痢特灵颗粒在沉降过程中呈现蓝色踪迹。为了能清楚观察，试验须在良好光照条件下，将样品置于与眼睛平行的高度。

八、呋喃西林

呋喃西林可以干扰细菌的糖代谢过程和氧化酶系统而发挥抑菌或杀菌作用，主要干扰细菌糖代谢的早期阶段，导致细菌代谢紊乱而死亡。呋喃西林抗菌谱广，对多种革兰氏阳性菌和阴性菌都有抗菌作用，对厌氧菌也有一定效果，对绿脓杆菌和肺炎双球菌抗菌力弱，对假单胞菌属及变形杆菌属有耐药性，对真菌、霉菌无效，但对因霉菌引起的细菌感染仍有一定效力。

（一）试剂

与痢特灵检测试剂相同。

（二）步骤

步骤与痢特灵检测相同。若有呋喃西林存在，试粒沉降时立即出现亮红色踪迹。为了更好地观察试验结果，试验须在良好光照条件下，将样品置于与眼睛平行的高度。

九、青霉素或普鲁卡因青霉素

（一）试剂

（1）溶液A　pH 4醋酸盐缓冲溶液。

（2）溶液B　将2g对二甲胺基苯甲醛溶解在100mL的20%盐酸中。

（二）步骤

（1）将少量试样放在培养皿中或白色滴试板上，加2～3滴溶液A，再加2～3滴溶液B。

（2）当普鲁卡因青霉素晶粒透明并完全溶解在溶液B中时，即呈现出深黄色。

十、胡椒嗪（哌嗪）

在畜牧生产上，胡椒嗪作为驱虫药使用，主要用于驱蛔、蛲虫的防治，对钩虫、绦虫、鞭虫无效。胡椒嗪具有麻痹蛔虫肌肉的作用，使蛔虫不能附着在宿主肠壁，随粪便排出体外。大剂量可有恶心、呕吐、腹泻、头痛，偶有荨麻疹，停药后可消失；也可有神经症状，如嗜睡、眩晕、共济失调、眼颤、肌肉痉挛，多动等。

（一）试剂

（1）1mol/L氢氧化钠　将4g氢氧化钠溶解于50mL蒸馏水中，用95%乙醇定容到100mL。

（2）溶液A　将0.03g 1，2-萘醌-4-磺酸钠溶解于20mL水中。

（二）步骤

（1）将试样放在滤纸上，用1mol/L氢氧化钠和溶液A浸湿。

（2）出现亮红色即表示有胡椒嗪存在。

十一、吩噻嗪（硫化二苯胺）

吩噻嗪是由硫、氮原子连接两个苯环组成的一种有机芳香化合物，不溶于水、石油醚和氯仿，微溶于乙醇和矿物油，溶于乙醚和丙酮，易溶于苯和热醋酸。吩噻嗪具有升华性，有微弱的异臭，对皮肤有刺激性，可引起斑疹，也能经皮吸收引起内脏障碍。在畜牧生产上主要是作为驱虫药使用，对牛、羊、马的捻转胃虫、结节虫、仰口线虫和夏氏线虫及绵羊的细颈线虫等均有显著效果。对猪、狗、猫毒性反应较大，一般少用。

（一）试剂

（1）二甲基甲酰胺（DMF）-氢氧化钾　将10份DMF与1份4%的氢氧化钾酒精溶液（4g氢氧化钾溶于100mL乙醇或甲醇）混合。

（2）溶液A　1g硼酸溶于100mL的80%硫酸中。

（二）步骤

（1）将0.1g试样放在培养皿中。

（2）加3～5滴二甲基甲酰胺-氢氧化钾试剂或溶液A。

（3）二甲基甲酰胺-氢氧化钾试剂：吩噻嗪呈现出绿黄色。

（4）溶液A试剂　吩噻嗪呈现出粉红色。

第三章 CHAPTER 3

常见饲料掺假检测

饲料是典型的原料依赖性产品，原料决定着产品的质量和成本。随着饲料工业和养殖业的迅速发展，饲养原料特别是一些优质蛋白质饲料日趋短缺。有些人为牟取暴利，常在生产和流通环节中向饲料原料掺入一些伪杂物质，这样不仅大大降低了饲料原料品质，也给饲料配方制定带来困扰，使饲料加工和养殖企业（户）蒙受经济损失。作为优质蛋白源的鱼粉掺假现象更为突出，常见的有掺入非蛋白含氮化合物、血粉、羽毛粉和鞣革粉等。

第一节　鱼粉掺假检测

鱼粉是优质的蛋白质补充饲料，粗蛋白质含量高达50%～65%，并且氨基酸种类齐全，赖氨酸含量丰富，磷、钙及铁和碘的含量高，并含丰富的维生素A、维生素D、维生素B_{12}和未知生长因子。但是，鱼粉掺假的形式多样，比较常见的是在鱼粉中掺入沙土、稻糠、贝壳粉、尿素、虾壳粉、蟹壳粉、棉籽饼、菜籽饼、羽毛粉、血粉等。这些掺假鱼粉用常规化学分析，粗蛋白质含量仍很高，但由于掺假成分的影响，其饲料营养价值及消化利用率大幅度降低。因此，判断鱼粉是否掺假是饲料生产和动物养殖企业极为关注的问题。

一、物理方法检测

（一）感官检测

鱼粉是否掺假首先可进行感官检测。合格的鱼粉颗粒大小一致，肉眼可见鱼肌纤维及少量鱼刺、鱼鳞、鱼眼等，颜色呈浅黄色、黄棕色或黄绿色，手握有疏松感，不结块、不发黏，有鱼腥味、无异味。掺假的鱼粉可见形状、颜色不一的杂质，少见或不见鱼肌纤维、鱼刺、鱼鳞、鱼眼等，呈粉状或颗粒过细，易结块，手握结实成团，鱼腥味淡、有异味。

显微镜检测法是最常用的一种方法，可以识别出大多数掺假物，但因为需要使用体视显微镜，故一般常用于大中型饲料企业或养殖场。使用显微镜检测法需要熟悉一些常见掺假物的典型显微特征。

菜籽饼中菜籽壳为红褐色或黑色，较薄，表面呈蜂窝网状，内表面有不柔软的半透明白色薄片附着，籽仁呈淡黄色，形状不规则；棉籽粕中可见棉絮纤维附着在外壳及饼粕颗粒上，棉絮纤维为白色丝状物，有光泽，棉籽壳碎片较厚，断面有褐色或白色的色带呈阶梯形，有些表面附有棉丝；稻壳粉中谷壳碎片具有光泽的表面，有“井”字形条纹；麦麸中麦片外表面有细皱纹，部分有麦毛；贝壳粉颗粒方形或不规则形，色灰白，不透明或半透明；花生壳有点状或条纹状突起，也有呈锯齿状；碱处理的骨粒有可见小孔。

（二）漂浮鉴别法

取一定量的鱼粉样品放入烧杯中，加入5～10倍体积的水，剧烈搅拌后静置数分钟，观察水面漂浮物和水底沉淀物。如果水面有羽毛碎片或植物性物质（如稻壳粉、花生壳粉、麦麸等）或水底有沙石等矿物质，说明鱼粉中掺有该类物质。若掺假物为植物性原料，则掺假物漂浮在水面，而鱼粉则沉入水底。

（三）气味鉴别法

取鱼粉少许，用火点燃，若燃烧产生的气味好像毛发燃烧味，是动物性物质燃烧的气味；若有谷物干炒的芳香味，则掺有植物性物质；若燃烧不完全、不充分，说明其中掺有无机物。

另外，还可以根据气味辨别是否掺入尿素。检测方法为：取样品20g放入具塞试管或小烧杯中，加10g生大豆粉和适量水，加塞后加热15～20min，去掉塞子后如果能闻到氨味，说明掺入尿素。

（四）气泡鉴别法

取少量被检样品放入烧杯中，加入适量稀盐酸或白醋，如果出现大量气泡并发出“吱吱”声，说明掺有石粉、贝壳粉、蟹壳粉等物质。

二、化学检测法

（一）鱼粉中掺入植物性物质的检测

凡植物来源的物质均含有淀粉和木质素。淀粉可与碘化钾反应，产生蓝色或蓝黑色化合物；木质素在酸性条件下，可与间苯三酚反应，产生红色化合物。利用上述两种反应，即可迅速检测鱼粉中是否含有植物来源的掺假物。

1. 淀粉的检测　取1～2g样品于试管中，加入3～5mL的蒸馏水，振荡混合均匀，然后在水浴锅内加热1～2min，取出后立即加入3～4滴碘—碘化钾溶液（碘化钾5g，溶于100mL水中，再加碘2g，溶解后摇匀，置棕色瓶中保存)。若样品中掺有淀粉类物质，则颜色变蓝，并随掺入比例的增加，颜色由蓝变紫。

2. 木质素的检测 取少许被检鱼粉平铺入表面皿中，用 20g/L 间苯三酚乙醇溶液（取 2g 间苯三酚溶入 100mL 的 95%乙醇中。）浸湿，放置 5～10min，再滴加 2～3 滴浓盐酸，若样品中出现散布的红色点，说明鱼粉中掺入了含有木质素的植物性物质（如稻壳粉）。

（二）鱼粉中掺入血粉的检测

血粉中含有铁质，该铁质具有类似过氧化物酶的作用，能分解过氧化氢放出新生态氧，使联苯胺氧化成联苯胺蓝，出现蓝色环、点。根据环、点的有无，即可判断出鱼粉是否掺入血粉。

检测方法：取少许被检鱼粉放入白色滴板中，加联苯胺一冰乙酸混合液数滴（1g 联苯胺加入 100mL 冰乙酸混合，加 150mL 蒸馏水稀释）浸湿被检鱼粉，再加 3%过氧化氢 1 滴，若掺有血粉，被检样即显深绿色或蓝绿色。

（三）鱼粉中掺入非蛋白氮化合物的检测

1. 鱼粉中掺入铵盐、尿素的检测 铵盐一般均含有氨态氮，尿素在碱性条件下经脲酶催化也可生成氨态氮。奈斯勒试剂可与氨态氮反应生成棕红色胶体络合物，并可依红棕-红褐-深红色的颜色变化，判断其掺入量的多少。

（1）奈斯勒试剂法 取被检鱼粉 1～2g 加入 250mL 烧杯中，加蒸馏水 25～50mL，混合均匀后静置 20min，以便掺入的铵盐或尿素充分溶解于水，备用。

另取试管一支，加奈斯勒试剂 2mL（称碘化钾 5g 加入 5mL 蒸馏水中，边搅拌边滴加 25%氯化汞饱和液至稍有红色沉淀出现；再加 50%NaOH 溶液 40mL，最后用蒸馏水稀释至 100mL，混匀后置于棕色试剂瓶中保存），然后沿管壁用滴管加上述被检样浸出液 1～2 滴。如液面立即出现棕红色环，表明有铵盐掺入；若液面出现白色或黄色环，可怀疑有尿素掺入，再用脲酶法进一步检测。

（2）脲酶法 取 10g 被检鱼粉于烧杯中，加 100mL 蒸馏水搅拌、过滤，取滤液少许于点滴板上，加 2～3 滴甲基红指示剂（称取 0.1g 甲酚红，溶于 100mL95%乙醇中），再滴加 2～3 滴脲酶溶液（0.2g 脲酶溶于 100mL95%乙醇中）。在 40～45℃水浴上加热 1～2min，静置 5min。若点滴板上呈深紫红色，说明鱼粉中掺入了尿素。

（3）黄豆粉法 无脲酶时，可用此方法检测。

①取 1.5g 的鱼粉样品两份，分别置于两支试管中，其中一支加入半勺生

黄豆粉，然后两管中各加入 5mL 的蒸馏水，振荡混合均匀，在 60～70℃水浴锅中加热 2～3min，取出后立即加入甲酚红溶液 3～5 滴。若加生黄豆粉的试管中呈现深紫红色，说明被检鱼粉中掺有尿素。

②称取被检鱼粉 2～3g 加入 250mL 三角瓶中，加蒸馏水 100mL，黄豆粉滤液 20mL（5g 生黄豆粉加入 10mL 水中浸泡 1h，过滤），加塞摇匀。置 40～45℃水浴锅内温热 30min（温度不宜超过 45℃，否则脲酶失活），用镊子取红色石蕊试纸一条浸入该溶液中，若试纸变蓝，表明被检鱼粉掺有尿素。

注：黄豆必须新鲜，如若太陈旧，则脲酶失活。脲酶能将尿素催化生成氨，在适合温度条件下，氨气溶解于水生成氨水，使溶液呈弱碱性。

（4）格里斯试剂法　该方法的原理是在酸性条件下，尿素与亚硝酸钠作用，产生黄色反应。若无尿素，则亚硝酸钠与对氨基苯磺酸发生重氮反应，其产物与 α-萘胺起偶氮作用，呈紫红色。

检测方法：取被检鱼粉 1g 放烧杯中，加 20mL 蒸馏水混匀，静置 20min。取上清液 3mL 置于 50mL 三角瓶中，加 1mL1％亚硝酸钠液、1mL 浓 H_2SO_4，摇匀后静置 5min，待泡沫消失后，加格里斯试剂（酒石酸 89g，对氨基苯磺酸 10g，α-萘胺 1g，混匀研碎，置棕色瓶保存）0.5g，摇匀，显黄色说明被检样品掺有尿素，显紫红色说明未掺加。

（5）定量法　将 500mL 烧瓶用玻璃管和乳胶管与冷凝管连接，置于可调温电炉上；250mL 的三角烧瓶中加入 1％的硼酸接收液 50mL，滴加 3 滴甲基红-溴甲酚绿指示剂，将冷凝管口浸没在硼酸接收液中，接通冷凝水。

将怀疑掺有尿素的试样溶液快速无损地倒入烧瓶中（盛试样溶液的容器用蒸馏水冲洗 3 次，将所有残液、残渣全部倒入烧瓶中），并加蒸馏水至烧瓶 1/2 处。加热至烧瓶内溶液沸腾后调低电炉温度，使溶液保持微沸。当蒸馏出瓶内溶液 1/3 后，用红色石蕊试纸蘸一下冷凝管口的馏出液，若试纸不变色，停止蒸馏。用 HCl 标准溶液滴定三角烧瓶内的接收液呈灰红色即为终点。根据所消耗 HCl 体积即可计算出试样中掺入尿素的百分含量。

$$试样中尿素含量(\%)=0.03\times V\times\frac{c}{W}\times 100\%$$

式中：V 为滴定试样消耗 HCl 标准溶液的体积（mL）；c 为 HCl 标准溶液浓度（mol/L）；W 为试样重量（g）；0.03 为 1mL 的 1mol/LHCl 溶液相当的尿素量。

2. 鱼粉中掺入双缩脲的检测 该方法依据双缩脲在碱性介质中可与 Cu^{2+} 结合形成紫红色化合物的显色反应，检测鱼粉中是否掺有双缩脲。

称取被检鱼粉 2g 放入 20mL 蒸馏水中，搅拌均匀后静置 10min，用干燥滤纸过滤。取滤液 4mL 加入试管中，加 6mol/L NaOH 溶液 1mL，再加 1.5% $CuSO_4$溶液 1mL，摇匀后立即观察，溶液显蓝色表示未掺双缩脲，显紫红色说明掺有双缩脲，且颜色越深，掺入比例越大。

（四）鱼粉中掺入钙质的检测

取样品少许置于试管中，加入适量稀 HCl（1∶3）混摇后观察，碳酸盐与稀盐酸反应，产生 CO_2。根据有无气泡产生即可鉴别，若掺入钙质，即有气泡上浮，量大时还会发出“吱吱”响声。

（五）鱼粉中掺入禽类粪便的检测

禽类粪便中含有尿酸，若饲料中混入或掺入禽类粪便，则可通过检测尿酸确认。

取少量被检样品于培养皿中，加入（1∶1）硝酸（即用 98%浓硝酸配成的 50%硝酸溶液）充分湿润，在水浴锅上蒸干，若有尿酸存在，则被检样品外围呈红褐色。为确证，可滴加氨水，显紫色。

（六）鱼粉中掺入羽毛粉的检测

取被检鱼粉 10g 置于 100mL 烧杯中，加入四氯化碳 80mL，搅拌后静置。将漂浮层倒入滤纸过滤，滤物用电吹风吹干。取少许风干滤物置载玻片上，于 30～50 倍显微镜下观察，除可见表面粗糙、具纤维结构的鱼肉颗粒外，掺有羽毛粉者，尚可见或多或少的羽毛、羽干和羽管（中空、半透明）。经水解的羽毛粉，有的形同玻璃碎粒，质地如塑胶，呈灰褐或黑色。

（七）鱼粉中掺入氯化物的检测

1. 硝酸银法 氯化物与硝酸银反应，生成白色氯化银沉淀，根据有无沉淀，判定是否掺入氯化物。

检测方法：①取被检鱼粉 1～2g 置于 20mL 试管中，加15mL 硝酸（1∶2），摇匀后静置 2～3min 备用；②用吸管吸取上述上清液 2～3 滴于载玻片上，加 2～3 滴 5%硝酸银溶液，若掺有氯化物即产生白色沉淀（同时用正常鱼粉做对比检测）。为证实上述结果，可在白色沉淀上滴加 1～2 滴 NH_4OH（1∶1），滴处沉淀若溶解消失，即可进一步确定。

2. 硝酸银-铬酸钾法 鱼粉中氯化物含量较高时与硝酸银反应生成氯化银沉淀，并与铬酸钾作用呈现黄色。

检测方法：取 0.01mol/L $AgNO_3$溶液 5mL 置于试管中，加 2 滴 10%铬

酸钾溶液，然后再加检测试样少许，充分混匀。若试管中溶液呈黄色，说明试样中氯离子含量>0.14%（同时做正常鱼粉对比测定）。

（八）鱼粉中掺入鞣革粉

鞣革粉中铬经灰化后部分可变成6价铬，6价铬在强酸溶液中能与二苯胺基脲发生反应，生成紫红色水溶性铬-二苯硫代偕肼腙化合物。该反应极为灵敏，微量铬即可检出。

检测方法：取被检鱼粉1～2g置于瓷坩埚中，炭化后入茂福炉灰化。冷却后，加少许蒸馏水将灰分湿润，加2mol/LH_2SO_4溶液10mL使呈酸性，再加数滴二苯胺基脲溶液（0.2～0.5g二苯胺基脲溶入90%乙醇中），片刻后若出现紫红色，即证明有鞣革粉掺入。

第二节　氨基酸掺假检测

一、DL-蛋氨酸掺假检测

DL-蛋氨酸为高价原料，掺假情况较严重，掺假的原料主要有一些植物原料和碳酸盐类等。掺假的识别方法如下：

（一）外观鉴别

蛋氨酸是经水解或化学合成的单一氨基酸，一般呈白色或淡黄色的结晶体粉末或片状，在正常光线下有反射光发出。市场上的假蛋氨酸多呈粉末状，颜色为灰黄色或灰色，正常光线下没有反射光或只有零星反射光发出。

（二）手感鉴别

真蛋氨酸手感滑腻，无粗糙感觉，而假蛋氨酸一般手感粗糙不滑腻。

（三）气味、口味鉴别

真蛋氨酸具有较浓的腥臭味，近闻刺鼻，用口尝试，带有少许甜味；而假蛋氨酸味较淡或有其他气味。

（四）pH试纸法

蛋氨酸灼烧产生的烟为碱性气体，有特殊臭味，可使湿润的广泛试纸变蓝色。假的蛋氨酸灼烧往往无烟（如石粉、石膏粉冒充时），或者产生的烟使广泛试纸变红（如用淀粉冒充时）。

（五）溶解法

真蛋氨酸易溶于稀盐酸和稀氢氧化钠，可溶于水（33g/L，25℃），难溶于乙醇，不溶于乙醚。

检测方法：取约3g样品加100mL蒸馏水溶解，摇动数次，2～3min后，溶液清亮无沉淀，则样品为真蛋氨酸；如溶液混浊或有沉淀，则样品为假蛋氨酸。

（六）掺入植物成分的试验

真蛋氨酸的纯度达 98.5%以上，且不含植物成分；而许多假蛋氨酸掺入大量血粉或其他植物成分。

检测方法：取样品约 5g，加 100mL 蒸馏水溶解，然后滴加碘-碘化钾溶液，边滴边摇动，此时溶液仍为无色，则该样品中没有血粉或其他植物成分，是真蛋氨酸；如果溶液变为蓝色，说明该样品中含有血粉或其他植物成分，是假蛋氨酸。

（七）颜色反应鉴别

检测方法：取约 0.5g 样品加入 20mL 硫酸铜硫酸饱和溶液，如果溶液呈黄色，则样品是真蛋氨酸；如果溶液无色或其他颜色，则样品为假蛋氨酸。

（八）掺入碳酸盐的检验

有些假蛋氨酸中掺有大量的碳酸盐，如轻质碳酸钙等。

检测方法：称取约 1g 样品置于 100mL 烧杯中，加入 6mol/L 盐酸 20mL，如样品有大量气泡冒出，说明其中掺有大量碳酸盐，是假蛋氨酸；如无气泡冒出，说明样品未掺入碳酸盐。

（九）粗灰分检验

蛋氨酸是经水解或化学合成制得的一种有机物，其粗灰分含量极微，一般在 0.1%以下；而假蛋氨酸粗灰分含量往往很高，有的高达 80%。

检测方法：称取 5g 样品于瓷坩埚中，置 550℃下灼热 1～2h，如果坩埚中基本无残留灰分或残渣，说明样品为真蛋氨酸；如果残留灰分很多，说明其中掺有大量矿物质，该样品肯定是假蛋氨酸。

（十）蛋氨酸含量估算

取 0.1g 样品加入 20mL 蒸馏水溶解，用 0.1mol/L 的碘液滴定，边滴边摇动，直至溶液出现碘液本身的棕色为止，如碘液用量在 10～12mL，说明蛋氨酸的含量在 95%左右。碘液用量越大，则蛋氨酸含量越高；反之，蛋氨酸含量越低，说明样品是有掺假成分。

（十一）常规定量分析检验

（1）先检验是否掺有非蛋白氨，如尿素、碳酸铵等，非蛋白态铵盐均含有氨态氮。尿素酶在碱性条件下将尿素催化成氨，用奈斯勒试剂能与氨反应生成黄褐色沉淀，有黄褐色沉淀证明氨基酸中掺入非蛋白态氮。

（2）若无沉淀，则可用凯氏半微量定氮法进一步定量测定，具体方法：称取一定量的样品，经消化、蒸馏、盐酸滴定后得出盐酸的消耗量，然后按公式计算。

$$蛋氨酸含量（\%）=\frac{(V_1-V_2)\times c\times 0.0140}{m}\times\frac{V_4}{V_3}\times 10.66\times 100\%$$

式中：V_1为滴定样品消耗盐酸标准溶液的体积（mL）；V_2为滴定空白消耗盐酸标准溶液的体积（mL）；c 为盐酸标准溶液的浓度（mol/L）；V_3为试样分解液蒸馏用体积（mL）；V_4为试样分解液体积（mL）；m 为样品重量（g）。

蛋氨酸分子式为 $CH_3SCH_2CH(NH_2)COOH$，含氮量为 9.38%，则每克氮相当于蛋氨酸 10.66g。将此测定值与商标标注的纯度比较，如果相吻合，则为正品；否则为劣质品。

（十二）蛋氨酸含量测定

测定方法：准确称取 0.3g（准确至 0.000 2g）试样放入碘量瓶中，加水 100mL、磷酸氢钠 5g、磷酸二氢钠 2g 及碘化钾 2g，震荡溶解。再准确加入 0.1mol/L 碘溶液 50mL，盖紧瓶塞，静置 30min 后加入 0.5%的淀粉指示剂 1mL，用 0.1mol/L 硫代硫酸钠溶液滴定过量的碘。当反应液由蓝色变为无色时，反应达到终点。用同样的方法做空白试验。

$$DL\text{-}蛋氨酸含量（\%）=\frac{(V_0-V_1)\times C\times 74.6}{1000\times m}\times 100\%$$

式中：V_0为空白滴定消耗的硫代硫酸钠溶液体积（mL）；V_1为试样滴定消耗硫代硫酸钠溶液的体积（mL）；C 为硫代硫酸钠标准溶液浓度（mol/L）；m 为样品重量（g）。

二、L-赖氨酸盐酸盐的掺假识别

L-赖氨酸盐酸盐价格较高，掺假的可能性也较大。掺假的原料基本同蛋氨酸，检查方法如下：

（一）外观鉴别

赖氨酸为灰白色或淡褐色的小颗粒或粉末，较均匀，无味或稍有特异性酸味；而假冒赖氨酸的色泽异常，气味不正，个别有氨水刺激或芳香气味，手感较粗糙，口味不正，且有异味口感。

（二）溶解度检验

取少量样品放入 100mL 水中，搅拌 5min 后静置，能完全溶解无沉淀物为真品，若有沉淀或飘浮物为掺假和假冒产品。

（三）pH 试纸法

赖氨酸燃烧产生的烟为碱性气体，并散发出一种难闻的气味，可使湿润的广泛试纸变蓝；假的赖氨酸燃烧往往无烟（如用石粉、石膏粉冒充时），或者产生的烟使湿润的广泛试纸变红（如用淀粉冒充时）。

（四）颜色反应鉴别

取样品 0.1～0.5g，溶于 100mL 水中，取此液 5mL，加入 1mL0.1%茚三酮溶液，加热 3～5min，再加水 20mL，静置 15min，溶液呈红紫色即为真赖氨酸，否则为假赖氨酸。

（五）掺入淀粉的检验

检测方法：取样品约 5g，加 100mL 蒸馏水溶解，然后滴加 1%碘-碘化钾溶液 1mL，边滴边摇动。如此时溶液仍为无色，则该样品中没有植物性淀粉存在，即为真赖氨酸，如溶液变蓝色，则说明该样品中含有淀粉，则是掺假赖氨酸。

（六）掺入碳酸盐的检验

检测方法：称取约 1g 样品置于 100mL 烧杯中，加入 1∶1 盐酸溶液 20mL，如样品有气泡冒出，说明其中掺有碳酸盐，如无则为真赖氨酸。

（七）粗灰分检测

赖氨酸粗灰分含量极微，一般为百分之零点几，而假冒赖氨酸粉灰分含量很高。

检测方法：称取大约 5g 样品于瓷坩埚中，置 550℃下灼烧 1～2h，如果坩埚中基本无残渣，说明样品是真赖氨酸，否则为掺假赖氨酸。

（八）常规定量分析检测

（1）先检验是否掺有非蛋白态氮如尿素、碳酸铵等。尿素酶在碱性条件下将尿素催化成氨态氮，用奈斯勒试剂能与氨态氮反应生成黄褐色沉淀，有黄色沉淀证明赖氨酸中掺有非蛋白态氮。

（2）若无沉淀则进一步用凯氏半微量定氮法测定，具体方法：称取一定数量的样品。经消化、蒸馏、盐酸滴定后得出盐酸的消耗量，然后按公式计算：

$$\text{赖氨酸含量（\%）} = \frac{(V_1 - V_2) \times c \times 0.0140}{m} \times \frac{V_4}{V_3} \times 5.18 \times 100\%$$

式中：V_1为滴定样品消耗盐酸标准溶液的体积（mL）；V_2为滴定空白消耗盐酸标准溶液体积（mL）；c 为盐酸标准溶液的浓度（mol/L）；V_3为试样分解液蒸馏用体积（mL）；V_4为试样分解液体积（mL）；m 为样品重量（g）。

赖氨酸分子式为 $NH_2(CH_2)_4CH(NH_2)COOH$，含氮量为 19.3%，则每克氮相当于蛋氨酸 5.18g。将此测定值与商标标注的纯度比较，如果相吻合，则为正品，否则为劣质品。

（九）快速定量检测

赖氨酸样品在105℃干燥至恒重，称取干燥试样0.2g（精确至0.000 2g），加甲酸3mL和冰乙酸50mL，再加6%乙酸汞的冰乙酸溶液5mL，滴加0.2% α-萘酚苯基甲醇指示液（冰乙酸溶液）10滴，用0.1mol/L高氯酸的冰乙酸标准溶液滴定，溶液由橙黄色变为黄绿色即为滴定终点。用同样方法另做空白试验。公式如下：

$$\text{L-赖氨酸盐酸盐的百分含量（\%）}=\frac{0.091\,32\times C\times(V-V_0)}{m}\times100\%$$

式中：C 为高氯酸标准溶液浓度（mol/L）；V 为试样消耗高氯酸标准溶液体积（mL）；V_0为空白消耗高氯酸标准溶液体积（mL）；m 为试样质量（g）。

三、羟基类蛋氨酸钙盐（MHA）掺假识别

（一）试管检查

取样品0.5g，溶于100mL水中，加草酸铵溶液，如有白色沉淀生成，过滤分离后，在沉淀中加醋酸不溶解，而加稀盐酸则溶解，即表示为真品。

（二）测定含钙量

羟基类蛋氨酸钙盐含有钙，并且含钙量在12%左右，可测定其钙含量来判定其真伪。

四、液体蛋氨酸的掺假识别

（一）感官检验

液体蛋氨酸为深褐色的液体，具有特殊气味，可据此加以鉴别。

（二）试管检查

取样品1滴于干燥的试管中，加入新配制浓度为0.01%的2，7-二羟基萘浓硫酸试剂2mL，并在沸水浴中加热10～15min，颜色由淡黄色变为红棕色可判定为真品。

第三节　伪劣玉米蛋白粉的识别

玉米蛋白粉是湿法生产玉米淀粉或玉米糖浆时，除去淀粉、胚芽及玉米皮后剩下的产品，其外观呈金黄色，带有玉米的香味，并且有玉米发酵特有的气味。玉米蛋白粉含丰富的氨基酸和天然色素——叶黄素，是一种重要的饲料

原料。

大部分饲料企业检测玉米蛋白粉时，由于受到条件的限制，不可能逐批检测氨基酸和叶黄素，而只检测粗蛋白、水分和外观三个项目，这就使一些人利用检测上的不足，人工合成出所谓的玉米蛋白粉。假的玉米蛋白粉一般由非蛋白含氮物质（被称为蛋白精）＋玉米粉＋色素＋少量真玉米蛋白粉组成，非蛋白含氮物质用来提高粗蛋白含量，色素起染色作用，玉米粉作为填充物，少量玉米蛋白粉是调味剂。

假玉米蛋白粉一般是通过将上述物质按比例混合后，用水湿润，用铁锅蒸熟，在蒸煮过程中玉米淀粉糊化将上述物质黏合在一起，再烘干粉碎成小颗粒状，形成外观与真玉米蛋白粉完全一样的冒充物。还有一些人则把部分这样的假货掺入正常的玉米蛋白粉中，并将加入量控制在氨基酸检测误差内（5%），检测出氨基酸含量偏低但很难确认为掺假，来谋取更高的利润。

这种假玉米蛋白粉含很少或不含氨基酸，营养价值很低，并有一定的毒性，因为有些蛋白精是尿素与甲醛的聚合物——脲醛树脂，它的含氮量在30%左右（相当于粗蛋白180%～190%），在酸性条件下（胃酸）能分解出甲醛及氨，造成畜禽中毒。

一、伪劣玉米蛋白粉的识别方法

（一）检查氨基酸组成

真玉米蛋白粉的氨基酸总和与粗蛋白基本一致（±5%之内），并且各氨基酸比例与数据库中的值相近，掺假后其总和与组成的比例均发生很大变化，可以据此判断是否掺假。但需要指出的是目前有部分产品掺非蛋白含氮物很少，提高粗蛋白（CP）值3%～5%，来获取更多的利润或达到合同要求。对这样的产品仅凭氨基酸总量与比例变化很难发现掺假，只有通过镜检和特效的定性检测才能发现。

（二）检查在水中及在酸碱中的颜色变化

玉米蛋白粉在水中不溶解，叶黄素不溶于水，溶于乙醇，其真品在水中迅速沉淀，上清液无色透明；若掺假产品则在水中悬浮，沉淀很慢，水溶液呈浑浊状态。若水溶液呈黄色则掺有水溶性的黄色素（柠檬黄、加丽素红）。某些假玉米蛋白粉是利用偶氮染料来染色的，这些染料在强酸、强碱中不稳定，可呈现不同的颜色。可用下述方法检测。

检测方法：将约5g样品置于一烧杯内，加50mL水，搅拌片刻，再慢慢加入10mL（1：3）盐酸，若溶液变为浅红色，在加入氢氧化钠（300g/L）

20mL 后，红色又变成黄色，则为掺假。

二、玉米蛋白粉中非蛋白含氮物（NPN）的检测

（一）NPN 的种类

（1）铵盐　NH_4HCO_3、$(NH_4)_2SO_4$、NH_4Cl。

（2）尿素及其衍生物　如缩二脲、磷酸脲、淀粉糊化尿素、脲醛聚合物（蛋白精）、糠醛尿素和糖基化尿素等。

（3）叠氮化钙 CaN_6。

（4）三聚氰胺 $C_3N_6H_6$。

其中，脲醛聚合物和三聚氰胺是目前最常见的 NPN。

（二）铵盐的检测

1. 试剂　氢氧化钠溶液 30%（30g 氢氧化钠加 100mL 水）。

2. 步骤　取样品 3～5g 置于 100mL 烧杯内，表面皿内侧粘一条湿的 pH 试纸，向烧杯内加 5～10mL 氢氧化钠，将表面皿迅速盖上，如试纸迅速变蓝，打开表面皿有很浓的氨味则含铵盐。

（三）尿素、淀粉糊化尿素和缩二脲的检测

1. 试剂

生黄豆粉：将大豆磨成粉末（注意：切勿加热）。

酚红：1g/L 乙醇溶液［称取酚红（苯酚红）0.1g 溶于 100mL 乙醇中］。

2. 步骤　取 0.5～2g 样品，置于 50mL 比色管内，再加 0.1～0.2g 生黄豆粉、3～5 滴酚红指示剂、40mL 水，塞好塞子，摇匀 30s，静置，如溶液变成红色，则样品中掺入尿素。

（四）脲醛聚合物（蛋白精）的检测

1. 试剂　变色酸（1，8-二羟基萘-3，6-二磺酸）溶液：称取 0.2g 变色酸于干燥的烧杯内，加入 100mL 浓硫酸，电炉上加热到 70～80℃，待溶解后，降温，移入 120mL 棕色的滴瓶内。

2. 步骤　用镊子从显微镜下移出可疑物（黄色易碎粒）数粒，置于干燥的 50mL 烧杯内，滴加约 1mL 变色酸，电炉上加热到微微生烟，迅速移开并加入约 30mL 水，若溶液变成稳定的紫红色，则样品中含有脲醛聚合物（蛋白精）。也可直接取样品约 0.05g 于烧杯中，按上述方法操作。

（五）其他 NPN 的检测（如叠氮化钙）

部分 NPN 目前还没有特效方法检测，但它们都不含氨基酸，其含氮量均很高（>100%或远大于指标值），因此可借助镜检将可疑的颗粒逐一挑出，收

集0.1g以上的可疑颗粒，检测其粗蛋白质值或氨基酸含量，来判断是否掺加NPN。还可将样品过筛（40～100目），分别测定筛下物和筛上物的粗蛋白质含量，依据二者差异的程度判断是否掺假。

第四节　其他饲料原料常见掺假检测

一、豆饼（粕）

常掺有泥沙、碎玉米或石粉等物质。

（一）水浸法

取样品25g放入盛有250mL水的烧杯中，浸泡2～3h，然后轻轻搅动，若掺有泥沙，则分层明显，上层为豆饼，下层为泥沙。

（二）碘酒鉴别法

取少量样品放在干净的白瓷盘中铺平成薄层，滴加几滴碘酒，1min后，若有物质变为蓝黑色，则说明掺有玉米、稻壳等物质。

二、麸皮

常掺有滑石粉、米糠等物质。

将手插入一堆麸皮中后抽出，若手上粘有白色且不易抖落的细末，则说明掺有滑石粉。用手抓一把麸皮用力握，能成团的为纯正麸皮，若握时有胀感，则说明掺有稻糠。

三、骨粉

常掺有石粉、贝壳粉、细沙等。

（一）肉眼观察

纯正的骨粉呈灰白色粉末状或颗粒状，部分颗粒呈蜂窝状，掺假骨粉仅有少许蜂窝状，若是假骨粉则完全没有蜂窝状颗粒，掺加贝壳粉的骨粉色泽发白。

（二）稀盐酸溶解法

将样品倒入稀盐酸中，真骨粉会发出“沙沙”声，骨粉颗粒表面不产生气泡，但最后基本完全溶解，稀盐酸液变浑浊。

（三）焚烧法

取少许样品放入试管中，置于火上焚烧，真骨粉产生蒸气，并伴有刺鼻的头发燃烧的气味，而掺假骨粉焚烧产生的蒸气和气味较少。

四、贝壳粉

质量差的贝壳粉呈面粉状或碎骨状，含钙量低。质量好的贝壳粉应含70％以上的高粱粒大小的小贝壳和30％以内的碎面。大贝壳粉碎后含钙量约为36％。

第㈡部分
饲料营养成分分析

饲料营养成分分析是进行饲料原料和产品质量控制的最基本方法。目前，包括进口饲料和饲料添加剂在内的所有商品饲料和饲料添加剂必须按照我国已颁布实施的《饲料标签》(GB 10648—2013) 要求，设计制作饲料标签，并注明产品成分分析保证值。不同产品类型如蛋白质饲料、配合饲料、浓缩饲料、精料补充料、复合预混合饲料、微量元素混合饲料、维生素混合饲料、矿物质饲料、营养性及非营养性添加剂等，要求注明的保证值项目不同。按照《饲料标签》的要求，蛋白质饲料、配合饲料、浓缩饲料、精料补充料等必须标明水分、粗灰分、粗蛋白质、粗纤维、钙、磷和食盐等成分的分析保证值。

目前，我国规定凡是申请饲料生产登记许可证的商业性饲料加工企业必须配备常规成分的检测设备和至少 2 名持有上岗证的检测人员，以便为产品质量提供基本的保证。

第四章 CHAPTER 4

饲料（或畜产品）分析样品的采集和制备

第一节　样品采集

饲料分析结果的准确性取决于样品的代表性，因此饲料样品的采集与制备方法是饲料分析和检测的重要环节。

一、样品采集的目的与要求

从一种物品中采集供分析所用的样品称为采样或取样。饲料营养成分分析的第一步是采集样品。饲喂家畜的饲料容积和容量都很大，而分析时所用的样品仅为其中的一部分。所采集供分析的样品是否能代表该饲料全部品质与采样的方法有很大关系。因此，采样技术在饲料分析工作中占有重要位置。

各种饲料的营养成分由于饲料的品种、生长的土壤、气候、农业栽培技术、收获季节、加工处理、贮藏等情况的不同而有显著的差别。采样的根本目的是通过对样品理化指标的分析，客观地反映受检饲料原料或产品的品质。因此，所采取的样品必须具有代表性，即能够代表全部被分析的原料物品。否则，即使以后的分析方法和处理多么严谨、精确，所得出的分析结果都毫无科学性、公正性和实用价值。对饲料加工业而言，采样正确与否将影响其多方面的决策。例如，饲料配方设计时对原料的选择，对一批原料的取舍与加工程度的确定，饲料产品是否符合其规格要求与保证值，对全部的保证项目在规定的期限内是否稳定以及加工条件控制是否适当及官方检验的必要性等。显然，饲料生产和质量控制人员的许多决策问题需要以样品的指标为依据。因此，正确的采样应该是从有不同代表性的区域取几个样点，然后把这些样品充分混合，使之成为整个饲料的代表样品，然后再从中分出一小部分作为分析样品所用，其最后的分析结果就作为整个被采取样品饲料的平均值。

要使采样合乎规范化，必需加强管理。管理人员还须指导采样人员掌握正确的采样方法及了解采样原料的基本特点。采样人员必须熟悉各种原料、加工工艺、产品，必须严格按规定的采样方法采样以及采用特定的仪器设备。采样人员应通过专门培训，掌握熟练的采样技能且具有高度的责任心方能上岗。在采样过程中，要认真按操作规程进行，并做到随机、客观，避免人为和主观因素的影响，及时发现和报告一切异常的情况。

采样工具的制造原料要求耐磨损而且是不易损坏的材料（如不锈钢）。

二、样品采集的方法与原则

（一）常用样品类别与定义

1. 术语与定义

（1）交付物　一次给予、发送或收到的某个特定量的饲料的总称，可能由一批或多批饲料组成。

（2）批（批次）　假定特性一致的某个确定量的交付物的总称。

（3）份样　一次从一批产品的一个点所取的样品。

（4）总份样　通过合并和混合来自同一批次产品的所有份样得到的样品。打算分别调查的、明显和可辨认的份样集合可表示为“总样品”。

（5）缩分样　总份样通过连续分样和缩减过程得到的数量或体积近似于试样的样品，具有代表总份样的特征。

（6）实验室样品　由缩分样分取的部分样品，用于分析和其他检测用，并且能够代表该批产品的质量和状况。所取每种样品，一般分 3 份或 4 份实验室样品，一份提交检验，至少一份保存用于复核。如果要求超过 4 份实验室样品，需要增加缩分样，以满足最小实验室样品量的要求。

2. 样品类别

（1）标准样品　是指由权威实验室仔细分析化验后的样品。如再由其他实验室进行分析化验，可用标准样品来校正或确定某一测定方法或某种仪器的准确性。

（2）商业样品　是指由卖方发货时，一同送往买方的样品。

（3）参考样品　指具有特定性质的样品，在购买原料时可作为参考比较，或用于鉴定成品与之有无颜色、结构及其他表现特征上的区别。

（4）备用样品　指在发货后留下的样品，供急需时备用。

（5）仲裁样品　指由公正的采样员所采取的样品。采样后送仲裁实验室分析化验，以有助于买卖双方在商业贸易工作中达成协议。

（6）化验样品　实验室样品，指送往实验室或检验站分析的样品。

（二）样品采集的方法和原则

代表性采样：代表性采样的目的是从一批产品中获得小部分样品，而测定这小部分样品的任何特性均可代表该批产品的平均值。

选择性采样：如果被采样的一批（批次）样品的某部分在质量上明显不同于其他部分，则这部分产品应区别对待，单独作为一批产品进行采样，并在采样报告中加以说明。

采样的一般方法，可先采取原始样品，再从原始样品中采取分析样品。由生产现场如田间、牧地、仓库、青贮窖和试验场等大量分析对象中采集的样品叫原始样品。原始样品应尽量从大批量饲料或大面积牧地上，按照不同的部位和不同深度和广度来采取，以保证每一小部分与其全部的成分完全相同，使其具有代表性。然后，再从原始样品中采取分析样品。

虽然采样的方法随不同的物品而有不同，但一般可根据物品均匀性质分为下列两类：

1. 均匀性质的物品　单相的液体或是混合均匀的籽实或粉末（如磨成粉末的各种糠麸、鱼粉、血粉等饲料），它们每一小部分的成分与其全部的成分完全相同。因此，这类物品可以采取其任何一部分作为分析的样品。在通常情况下，粉末或研碎的物品，可用“四分法”来采样。

“四分法”采样具体操作为：籽实或粉末置于一大张方形纸或漆布、帆布、塑料布上，提起纸的一角，使粉末流向对角，随即提起对角使籽实或粉末流回，按上述方法将四角反复提起，使粉末反复移动混合均匀。然后将籽实或粉末铺平，用药铲、刀子或其他适当器具，从当中划一“十”字，将样品分成四份，除去对角两份，将剩余两份如前述混合均匀后中，再分成 4 个等份。重复上述过程，直至剩余样品与分析样品所需用量相接近时为止。

对于大量的籽实、粉末等均匀性饲料的分析样品采样，也可在洁净的地板上堆成锥形，然后将堆移至另一处；移动时将每一铲饲料倒于前一铲饲料之上，这样使籽实、粉末由锥顶向下流动到周围，如此反复移动三次以上，即可混合均匀。最后，将饲料堆成圆锥形，将顶部略压平呈圆台状，再从上部中间分割为“十”字形 4 等份，弃去对角线的两等份，缩减 1/2，然后，如上法缩减至适当数量为止。一般饲料样品缩减取样至 500g 左右作为分析用样品，送实验室供化学分析所用。

对配合饲料或混合饲料的取样，其采样方法相对而言比较容易。如在水平卧式或垂直式混合机（搅拌机）里的饲料采样，只要确定饲料已充分混合均匀了，就可以直接从混合机的出口处定期（或定时）地取样，而取样的间隔应该是随机的。

混合饲料中不同成分的颗粒大小及吸湿性可能不一样，这将给混合饲料准确采样带来麻烦。因此，在某些情况下，可将混合饲料含有的成分单独进行分析。但必须注意在称重上要准确无误并且是混合均匀的饲料。

2. 不均匀的物品 对于不均匀的物料如各种粗饲料，块根、块茎饲料，家畜屠体等，则需要较复杂的采样技术。其复杂程度由物料体积的大小和不均匀程度而定，采取代表样品的原则是，应尽可能地考虑到采取被检物品的各个不同部分，并把它们磨碎至相当程度，以使混合均匀，从而再以“四分法”采取分析用样品。在实际情况下，应用上述原则还应根据实用与准确度的要求，对采样技术作下列各点的考虑：①可能达到或要求的准确程度，②全部物品均匀程度，③时间、人力、物力的范围，④分析的目的。

凡是大量不均匀的物品，如一堆干草或一批块根、块茎饲料，其分析样品在送往实验室之前，往往须采取多个样品；然后由取出的样品中重复取样多次，得出一连串逐渐减少的样品，叫做初级样品、次级样品、三级样品……分析用的样品可以从最末一级样品中制备。为了使每一级样品都能代表全部物品，所采用的取样方法称为几何法。所谓几何法，是把整个一堆物品看成为一种有规则的几何立体（立方体、圆柱体、圆锥体等）。具体方法如下：

把整个一堆物料看成一种规则的几何体，如立方体、圆锥体、圆柱体等，取样时先将该立体分成若干体积相等的部分（虽然不便实际上去作，但至少可以在想象中把它分开），这些部分必须是在原样中均匀分布的，而不只是在表面或只是在某一面。从这些部分取出体积相等的样品，称之为支样，再把这些支样混合，即得初级样品。

现今多数法定的取样手续都以这种取样方法为根据。当对某一项物品全部的性质不了解时，必须用这种方法采取样品。

采样的原则是所采集的样品必须具有代表性。为此，应遵循正确的采样方法，尽可能地采取被检测饲料的各个不同部分，并把它们磨碎至相当程度（粉碎粒度要求 40～60 目），以增加其均匀性和便于溶样。

三、采样与制备方法

（一）粉料与颗粒料

对于磨成粉末的各种谷物和糠麸以及配合饲料或混合饲料、预混料等饲料的采样，由于贮存的方式不同，又分为散装、袋装、仓装三种。所选用的取样器探棒，又称探管或探枪，可以是有槽的单管或双管，具有锐利的尖端。

1. 散装　散装的原料应在机械运输过程的不同场所（如滑运道、供送带等处）取样。如果在机械运输过程中未能取样，可用探棒取样，但应该避免因饲料原料不匀而造成的错误取样。

（1）散装车厢原料及产品　使用抽样锥自每车至少10不同角落处采样。方法是使用短柄大锥的探棒，从距离边缘0.5m和中间五个不同的地方，以不同的深度选取。将从汽车运输散状或颗粒产品中采取的原始样品置于样品容器后，并以“四分法”缩样。

（2）散装货柜车原料及产品　从专用汽车和火车车厢里采取散状或颗粒状产品的原始样品可使用抽样锥，自货柜车5～8个不同角落处抽取样品，也可以卸车时用长柄勺，自动选样器或机械选样器等，间隔相同时间，截断落下的料流采取；置于样品容器中混合后，再按“四分法”缩样至适量。

2. 袋装（包装）　关于袋装原料的取样，可以在袋装货运时应用探棒从几个袋中取样，以获得混合的样品。一般可按原料总袋数的10%采取原始样品。

（1）袋装车厢原料及产品　用抽样锥随意在至少10%袋数的饲料中取样。方法是对编织袋包装的散状或颗粒状饲料的原始样品，用取样器从料袋的上下两个部位取样，或将料袋放平，从料袋的头到底斜对角插入取样器。插取样器前用软刷刷净选定的位置，插入时应使槽口向下，然后转180°，再取出。取完样品后将袋口封好。对聚乙烯衬的纸袋或编织袋包装的散装成品的原始样品，则用短柄锥形袋式大号取样器从拆了线的料袋内上、中、下三个部位采样。对颗粒状产品的原始样品，是用勺子在拆了线的袋口取样。将采取的原始样品置于样品容器中混合后，按“四分法”缩样至适量。袋装饲料采样方案见表4-1。

表4-1　袋装饲料采样方案

饲料包装单位（袋）	取样包装单位（袋）
10以下	每袋取样
10～100	随机选取10袋
100以上	从10个包装单位取样，每增加100个包装单位需补采3个单位

（2）袋装货柜车原料及产品　使用抽样锥随机地自至少10%袋数的饲料中取样，置于样品容器中混合后再缩样至适量。

3. 仓装　一种方法是在饲料进入包装车间或成品库的流水线或传送带上、贮塔下、料斗下、秤上或工艺设备上采取原始样品。其方法是用长柄勺、自动或机械式采样器，间隔时间相同，截断落下的饲料流。选择的时间应根据产品移动的速度来确定，同时要考虑到每批采取的原始样品的总重量。对于磷酸盐、动物饲料粉和鱼粉应不少于2kg，而其他饲料产品则不低于4kg。

另一种是贮藏在饲料库中的散装产品原始样品的采取。料层在1.5m以下时，用探棒取样；在1.5m以上时，使用有旋杆的探管取样。采样前可先将表面划分成若干个等份，在每一等份的四边形四角和对角线交叉点五个不同部位采样。若料层厚度在0.75m以下，分两层采取，即从距离料层表面10～15cm深处的上层和靠近地面上的下层采取；当料层厚度大于0.75m时，应从三层中采取，即从距离料层表面10～15cm深处的上层、中层和靠近地面的下层采取。在任何情况下，原始样品都依次从上层、中层和下层采取。颗粒状产品的原始样品使用长柄勺或短柄大号锥形探管，在不少于30cm的深处采取。

贮藏在贮塔中的散状或颗粒状产品的原始样品的取样，是在其移入另一贮塔或仓库时采集的。

将所采取的原始样品（包括散装、袋装和仓装）混合搅拌均匀，用四分法采取500g样品，用粉碎机粉碎过1mm筛网，混合均匀后盛于两个样品瓶中，一份供鉴定或分析化验用，另一份供检查用（注意封闭，放置干燥洁净处保存一个月）。如为不易粉碎的样品，则应尽量磨碎。尤其要注意的是，如果所采取的样品为添加剂预混料，由于其粒度较小，故制备时应避免样品中小颗粒的丢失。

（二）液体原料

1. 动物性油脂 在一批饲料中由10%的包装单位中采集平均样品，最少不低于三个包装单位。在每一包装单位（如桶）中的上、中、下三层分别取样，由一批饲料中采取的平均样品为600g左右。所使用的取样工具是空心探针（这种取样器是一个镀镍或不锈钢的金属管子），直径为25mm，长度为750mm，管壁具有长度为715mm，宽度为18mm的孔，孔的边缘应为圆滑的，管的下端应为圆锥形的，与内壁成15°角，管上端装有把柄。采样时先打开装有饲料油脂的容器，然后在距油脂层表面深约50cm处取样。油脂样品应放在清洁干燥的罐中，通过热水浴加热至油膏状充分搅拌均匀。

2. 糖蜜 糖蜜等浓稠饲料由于富有黏性或含有固形物，故其取样方法特殊。一般可在其卸料过程中采用抓取法采样，可定时用勺等器皿随机取样（约500g）即可。例如，分析用糖蜜平均样品可直接从工厂的铁路槽车或仓库采集。用特制的采样器通过槽车和仓库上面的仓口在上、中、下三层采集。所采集的样品体积为每吨糖蜜至少 1L。原始样品用木铲充分搅拌后即可作为平均样品。

（三）副食及酿造加工副产品

这类饲料包括酒糟、粉渣、豆渣等。其采样方法是：在木桶、贮藏池或贮藏堆中分上、中、下三层取样，按桶、池或堆的大小每层取 5～10 个点，每个采样点取 100g 放入瓷桶内充分混合，随机取分析样品约 500g，用其中 200g 测定初水分，其余放入大瓷盘中，在 60～65℃恒温干燥箱中干燥。豆渣和粉渣等含水较多的样品，在采样过程中应注意勿使汁液损失，及时测定干物质百分含量。为避免腐败变质，可滴加少量氯仿或甲苯等防腐剂。

（四）油饼类

大块的油饼类采样，一般可以从堆积油饼的不同部位选取不少于五大块，然后从每块中切取对角的小三角形，将全部小三角形块破碎混合后，再用“四分法”取分析样品 200g 左右，经粉碎机粉碎后装入样品瓶中。小块的油饼，要选取具有代表性者数十片，粉碎后充分混合，用“四分法”取供分析的样品约 200g。

（五）块根、块茎和瓜类

此类饲料因其含水分多和不均匀性，采样时应有多个单独样品以消除每个样品间的差异。样品个数的多少，根据成熟均匀与否，以及所测定的营养成分而定，详见表 4-2。

表 4-2　块根、块茎和瓜类取样数量

种　　类	个数（个）
一般的块根、块茎饲料	10～20
马铃薯	50
胡萝卜	20
南瓜	10

采样方法：从田间或贮藏窖内随机分点采取原始的 15kg，按大、中、小分堆称重求出比例，按比例取 5kg，先用水洗干净，洗涤时注意勿损伤样品的外皮，洗涤后用布拭去表面的水分。然后，从各个块根的顶端至根部纵切具有代表性的对角 1/4，1/8 或 1/16 直至适量的分析样品，迅速切碎后混合均匀，取 300g 左右测定初水分，其余样品平铺于洁净的瓷盘内或用线串联置于阴凉通风处风干 2～3d，然后在 60～65℃的恒温干燥箱中烘干。

（六）新鲜青绿饲料及水生饲料

牧地青绿饲料可按牧地类型划分地区分点采样，每区选 5 个以上的采样点，每个采样点 $1m^2$ 的范围，在此范围内离地面 3～4cm 处割取牧草，除去不可食草，将各点原始样品剪碎，混合均匀后取分析样品 500～1 000g。栽培的青绿饲料应视田地面积的大小按上述方法等距离分点，每点采一至数株，切碎混合后取分析样品（图 4-1）。此法也适用于水生饲料，但应注意采样后要晾干样品外表游离水分，然后切碎取分析样品。

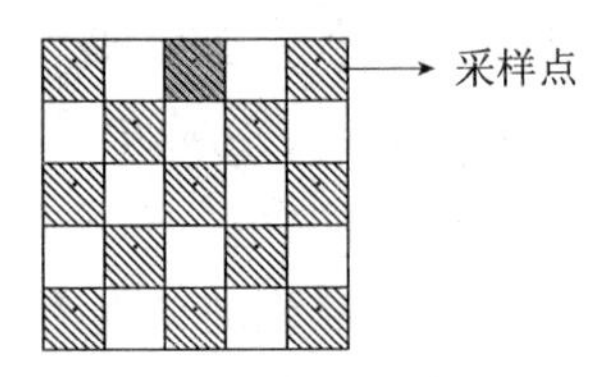

图 4-1　草地及田间采样

（七）青贮饲料

青贮饲料的样品一般在圆形窖、青贮塔或长方形青贮壕内采取。取样前应除去覆盖的泥土、秸秆以及发霉变质的青贮料，然后按图 4-2 和图 4-3 中所示的采样点分层取样，原始样品重 500～1 000g。长方形青贮壕的采样点依青贮壕长度大小可分为若干段，每段设采样点分层取样。

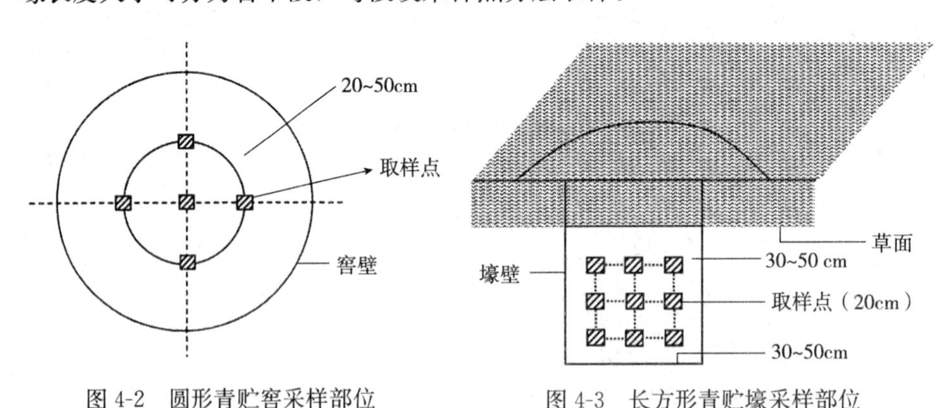

图 4-2　圆形青贮窖采样部位　　图 4-3　长方形青贮壕采样部位

（八）粗饲料

应用“几何法”在秸秆或干草的堆垛中选取五个以上不同部位的点采样，每个点采样约 200g，作为原始样品。然后将采取的原始样品放在纸或塑料布上，剪成 1～2cm 长度，充分混合后取分析样品约 300g，粉碎过筛装瓶。应当注意的是：在采取原始样品和分析样品过程中，应尽量避免叶片的脱落损失，影响其营养成分的含量，制备样品时少量难以粉碎的秸秆渣屑应当破碎、切细均匀混入全部分析样品中，绝不能丢弃，保持样品的完整性或具有代表性。

第二节　样品的制备

一、新鲜样品的制备

新鲜样品含有大量的游离水和少量的吸附水，两者的总量占样品重70%～90%，如青饲料、多汁饲料、青贮饲料和鲜肉、鲜蛋等畜禽类产品都属于水分多的新鲜样品。按照“四分法”和“几何法”，在新鲜样品中取得分析样品，再将分析样品分两部分。一部分鲜样重300～500g，用作初水分测定并制得半干样品。半干样品经饲料粉碎机粉碎，通过1mm筛孔，装入磨口广口瓶中，瓶上贴标签，内容与风干样品同。另一部分鲜样用作测定胡萝卜素等维生素。

新鲜饲料、鲜粪和鲜肉不能被粉碎，亦不易保存。因此，新鲜样品必须先测定其中的初水分，得到半干样品（与风干样品同样），再将半干样品制备成分析用的样品。

用普通天平在已知重量的搪瓷盘中称出200～300g含水分多的鲜样，将搪瓷盘与鲜样放入60～70℃烘箱中，5～6h后取出搪瓷盘。在此有两种方法表示新鲜样品中半干样品的含量。

第一种方法：将搪瓷盘由烘箱中取出，放于室内空气中冷却24h，使半干样品中水分与室内湿度取得平衡，而后称出搪瓷盘与半干样品重。由此得出鲜样中空气干燥干物质含量。

$$鲜样中空气干燥干物质（\%）=\frac{空气干燥干物质重（g）}{鲜样重（g）}\times100\%$$

第二种方法：将搪瓷盘由70℃烘箱中取出，移入干燥器内（以$CaCl_2$为干燥剂），冷却30min后，称重。将搪瓷盘放入烘箱内，烘30～60min取出，移入干燥器内，冷却30min后，称重。依此直至前后两次重量相差不超过0.5g，根据70℃干物质重，得出鲜样中70℃干物质含量。

$$鲜样中70℃干物质（\%）=\frac{70℃干物质重（g）}{鲜样重（g）}\times100\%$$

（一）仪器名称及需要量

1.1人做2次测定所需仪器数量

搪瓷盘	20cm×15cm×3cm	2个
干燥器	直径 30 cm	1个
坩埚钳		1个

2. 公用仪器数量

鼓风烘箱	60～70℃	1具
普通天平	0.01g	5架
标准铜筛	40号、60号	1套
样品粉碎磨	电动	1架
剪刀		8把

（二）试剂名称及需要量

1人做2次测定：

$CaCl_2$	工业用	500g
凡士林	普通	2g

以上均为干燥器使用。

二、风干样品的制备

凡饲料原样品中不含有游离水，仅含有一般吸附于饲料中蛋白质、淀粉等的吸附水，其吸附水的含量在15%以下的称之为风干样品。例如，籽实、糠麸、青干草、蒿秕、干草粉、乳粉、血粉、肉骨粉等。这类风干样品的采样可按照“四分法”取得分析用的样品。分析样品应用饲料粉碎机粉碎，通过直径1mm筛孔（即40目网筛）。粗料在粉碎时，所剩留在粉碎机中的极少的难以通过筛孔的残渣，亦需将粉碎机打开，用剪刀剪碎后，混匀在细粉中。这样制备的风干样品约需200g，装入广口瓶中。将广口瓶存放于干燥、不受直射光照的柜内，供作营养成分分析用。广口瓶上应贴上标签，注明样品名称、采样地点、采样日期、制样日期和分析日期。记录本上应详细描述样品情况，内容包括：①样品名称（包括一般名称、学名及俗名），②生长期，③收获期即茬次，④调制、贮存条件，⑤外观性状，⑥混杂度，⑦采集部位，⑧原料或辅料的比例，⑨加工方法，⑩出厂时间，⑪等级及容量，⑫成熟程度，⑬采样人、制样人等。

饲料中营养物质，包括有机物质与无机物质均存在于饲料的干物质中。饲料中干物质含量的多少与饲料的营养价值及家畜的采食量均有密切关系。风干饲料如各种籽实饲料、油饼、糠麸、蒿秕、青干草、鱼粉、血粉等可以直接在100～105℃温度下烘干，烘去饲料中蛋白质、淀粉及细胞膜上的吸附水，得到风干饲料的干物质含量。含水分多的新鲜饲料如青饲料、青贮饲料、多汁饲料以及畜粪和鲜肉等均可先测定初水分后制成半干样品；再在100～105℃烘干，测得半干样品中的干物质量，而后计算新鲜饲料、鲜粪或肉中干物质含量。

干物质含量的计算见饲料中水分的测定。

第五章 CHAPTER 5

饲料常规营养成分分析

饲料常规成分分析，也称为饲料概略养分分析。140 多年来，人们一直沿用德国 Henneberg 和 Stohmann 两位科学家在 Weende 试验站所创立的方法来分析饲料常规养分，这种方法称为 Weende 饲料分析体系，也就是饲料常规成分分析体系或饲料概略养分分析（feed proximate analysis）。该方法把饲料分为 6 个组分进行分析测定：

（1）水分（moisture）　以刚超过水的沸点温度（100℃），加热至恒重，所减少的质量即为水分含量，主要成分是水和挥发性物质。

（2）粗灰分（ash）　在 500～600℃灼烧 2～3h 后所剩余的物质，主要成分是矿物质。

（3）粗蛋白质（crude protein，CP）　采用凯氏定氮，CP 含量是根据蛋白质平均含氮量 16 %换算的，主要成分是蛋白质和非蛋白氮。

（4）粗脂肪/乙醚浸出物（ether extraction，EE）　采用乙醚浸提法，主要成分是脂肪、油、蜡、色素和树脂。

（5）粗纤维（crude fiber，CF）　分别经弱酸、弱碱煮沸 30min 后过滤，残渣烘干称重、灼烧等，主要成分是纤维素、半纤维素和木质素。

（6）无氮浸出物（nitrogen-free extraction，NFE）　是由干物质减去其他物质的质量分数后所得，是一个计算值，主要成分包括淀粉、糖、部分纤维素、半纤维素和木质素。

第一节　饲料中水分的测定

按照概略养分分析，饲料中的营养物质可以分成水分和干物质。测定饲料的水分含量，就可以计算出干物质量。饲料中的水分包括游离水和结合水，因此测定也可以分两步进行，先测定初水分（游离水），再测定吸附水（结合水），然后计算出饲料的总水分。饲料水分的测定方法可分为直接法和间接法两大类。直接法是利用饲料水分自身的理化性质来测定的，常用的有重量法（常压干燥法、减压干燥法、蒸馏法等）和化学法（卡尔·费希尔法）。间接法是利用水分含量与其物理化学性质的相关性为基础的方法。此外，近红外吸收光谱法、中子活化法、气相色谱法以及核磁共振谱等近代仪器分析方法已引入饲料水分测定中，但这些方法需要价格昂贵的仪器，不易普及。在具体分析工作中，还应考虑饲料中是否有其他挥发性物质存在、是否需低温真空、某些化合物是否可起化学变化等。具体情形不同，采用的分析方法也不同，现行饲料水分测定仍以干燥法为标准分析方法。

测定饲料中水分，不仅间接获得了干物质含量，同时也为其他营养成分的分析制备分析的样品，使不同饲料中各种营养成分的相互比较有一致的基础；对饲料在贮存、加工、运输过程中防止霉烂及某些营养成分的转化、变性等，都有指导意义。

烘箱干燥法：是美国官定分析化学家协会（AOAC）规定的方法，将样品放在（105±2）℃烘箱中烘至恒重，所失重量即代表水分含量。这种方法有一定误差，因为在水分蒸发的同时，一些短链脂肪酸和有机酸等易挥发性物质有挥发损失。

一、原理

将风干（或半干）试样置于（105±2）℃烘箱中，在一个大气压下烘干，直至恒重，烘后所失去的重量即为吸附水。实际上在此温度下烘干所失去的不仅是吸附水，还含有一部分胶体水分；此外，也有少量挥发油挥发及少量碳水化合物分解。与此同时，试样中的脂肪也可能氧化而使重量增加。

本法适用于测定配合饲料及单一饲料中的吸附水含量，不适合于用作饲料的奶制品、植物油脂、动物油脂等样品的测定。

二、仪器、试剂及需要量

（一）仪器名称及需要量

1.1 人做 2 次测定所需仪器数量

称量瓶或铝盒	30mL	2个
干燥器	直径 30cm	1个
坩埚钳		1把
精密天平		1架

（续）

药匙		1个
小毛刷		1个

2. 公用仪器数量

鼓风干燥箱	100～105℃	1具

（二）试剂名称及需要量

1人做2次测定所需试剂量：

氯化钙	工业用	500g
凡士林	普通	10g

以上均为干燥器用。

三、操作步骤

（1）取洁净称样皿置于（105±2）℃烘箱中烘1h取出，在干燥器中冷却30min（冷却至室温），称重（准确称至0.000 2g）。

（2）将称样皿再烘30min，同样冷却，称重，至两次重量之差小于0.000 5g为恒重。

（3）用已恒重的称样皿称取2份平行试样，每份2～5g（含水量0.1g以上，试样厚度为4mm以下），准确称至0.000 2g。

（4）将称样皿半开盖，在（105±2）℃烘箱中烘3h（以温度至105℃开始计时）后取出，盖好称样皿盖，在干燥器中冷却30min，称重。

（5）再同样烘干1h，冷却，称重，至两次重量之差小于0.002g为止；以其中较小的值进行计算。

测定吸附水后的试样，可保留以用作粗脂肪和粗纤维测定。

注：测定尿中干物质时可将定量的尿液吸收于已知重量的滤纸上，滤纸与尿液中干物质一并在（105±2）℃干燥箱中烘干，吸收一定量的尿，再烘干，重复数次，直至恒重为止。吸收尿液的烘干滤纸重量减去原滤纸重量即为吸收尿液总量中的干物质量。

四、结果计算

（1）试样中水分的含量可根据下式计算：

$$水分（\%）=\frac{W_1-W_2}{W_1-W_0}\times 100\%$$

式中：W_1为（105±2）℃烘干前试样及称样皿重量（g）；W_2为（105±2）℃烘干后试样及称样皿重量（g）；W_0为已恒重的称样皿重量（g）。

（2）如果是多汁的鲜样，则应按下式计算原来试样中所含水分总量：

原样总水分（%）＝初水分（%）＋［100%－初水分（%）］×风干试样水分（%）

（3）尿中干物质含量计算：

$$尿中干物质（\%）=\frac{浸过尿液的烘干滤纸重-原来滤纸重}{尿总重}\times 100\%$$

（4）新鲜样品中干物质含量计算：

①新鲜样品中干物质含量 ＝ 新鲜样品中 70℃干物质（%）× 半干样品105℃干物质（%）

例如，多汁饲料 70℃干物质含量为 26%；多汁饲料半干样品 105℃干物质含量为 86%，因此多汁饲料的干物质含量 ＝ 26% × 86% ＝ 22.4%。

②新鲜样品中干物质含量＝新鲜样品中空气干燥干物质含量×半干样品105℃干物质含量。

例如，多汁饲料空气干燥干物质含量为 25%，多汁饲料半干样品 105℃干物质含量为 86.5%，因此多汁饲料的干物质含量＝25%×86.5%＝21.6%。

（5）重复性　每个试样，应取两个平行样进行测定，以其算术平均值为结果。两个平行样测定值相差不得超过 0.2%，否则应重做。

五、注释

本试验所用测定饲料样品中干物质的烘箱干燥方法，并不是绝对准确的。以下几个可能会引起测定结果的误差。

（1）加热时样品中挥发性物质可能与样品中水分一起损失。例如，青贮饲料中的挥发性脂肪酸。

（2）样品中有些物质如脂肪在加热时可能在空气中氧化，使样品重量不但不减少，反而会增加。在这种情况下，测定样品中干物质含量需在真空烘箱或充有二氧化碳的特殊烘箱中进行。

（3）有些饲料如含糖分高的糖浆在 105℃时可能发生某些化学变化，这类饲料应在较低温度和减压条件下进行干燥。

关于分析误差范围的规定：根据实际应用上的要求及可能达到的精确度，

对各项成分分析结果的偶然误差的允许范围，作如下规定（表 5-1）：

表 5-1　对营养成分分析结果偶然误差的允许范围

成　分	允许两次重复测定的相对相差
一般成分	＜5%
钙、磷	±10%
胡萝卜素	10%

例如，胡萝卜素的两次测定结果是每 100g 样品中含胡萝卜素 4.3mg 和 4.7mg，则两者平均值为 4.5mg，相对偏差＜ 10%。

$$相对偏差=\frac{4.7-4.3}{4.5}\times100\%=8.8\%<10\%$$

因此，平均值认为合格。

第二节　饲料中粗脂肪（醚浸出物）的测定

脂类包括脂肪和类脂。脂肪是由一分子的甘油（丙三醇）和三分子的脂肪酸构成，故又称为甘油三酯。类脂包括脂肪酸、磷脂、糖脂、固醇和蜡质等。

脂类化合物分子中常含有长碳链或其他非极性基团，即具有疏水性，难溶于水，而易溶于乙醚、石油醚、四氯化碳等非极性溶剂或甲醇、氯仿等弱极性溶剂。由于不同样品的脂类化合物中，碳链的长度和饱和程度以及脂的分子构型等存在某些差异，所以，用不同溶剂作提取剂时，其测定结果也有差异。在实际分析工作中可根据具体情况采用下列分析方法。

一、原理

索氏（Sohlet）法或乙醚萃取法的原理是根据饲料样品中的脂类可溶于有机溶剂如乙醚，通过乙醚反复抽提，使溶于乙醚中的脂肪随乙醚流注于盛醚瓶中。由于乙醚和脂肪的沸点不同，控制水浴温度，蒸发去乙醚，盛醚瓶所增加的重量即为该样品的脂肪量。

由于游离脂肪酸、卵磷脂、蜡质、麦角固醇、胆固醇、脂溶性维生素、叶绿素等物质亦溶于乙醚，故此法所测得脂肪不纯，统称为粗脂肪［注释（1）］。

测定脂肪所用饲料样品必须烘干，因为样品中水分会影响乙醚的浸提和蒸发过程。畜体、畜产品及粪中粗脂肪含量的测定也用此方法。

二、仪器、试剂及需要量

（一）仪器名称及需要量

1. 1 人做 2 次测定所需仪器数量

索氏脂肪抽取器		2 套
盛醚瓶	100mL	2 个
脱脂滤纸或特制滤纸筒		2 个或 1 个
脱脂白色棉线		2 根
干燥器	直径 30cm	1 个
分析天平		1 架

2. 公用仪器数量

恒温水浴锅（调节温度范围为 30～90℃）	8 孔	2 台
烘箱		1 台

（二）试剂名称及需要量

1 人做 2 次测定所需试剂数量：

乙醚	化学纯、无水	200mL
氯化钙	工业用	500g
凡士林	普通	10g

三、操作步骤

（1）索氏脂肪抽取器由三个部分组成，下部为盛醚瓶，中间为浸提管，上部为冷凝管（图 5-1）。冷凝管上端加棉花塞，以防乙醚逸失。

（2）将盛醚瓶和浸提管洗净烘干，然后将盛醚瓶放入干燥器中冷却后，在天平上称重。

（3）将测定干物质的剩余样品［注释（2）］无损地移入特制滤纸筒或用脱脂滤纸和棉线包扎好（纸包长度以虹吸管高度的 2/3 为宜），用铅笔在包上写明样品名称、编号等。然后把滤纸筒或纸包放入浸提管中，将全部抽出器安置妥当，注入乙醚 60～80mL。

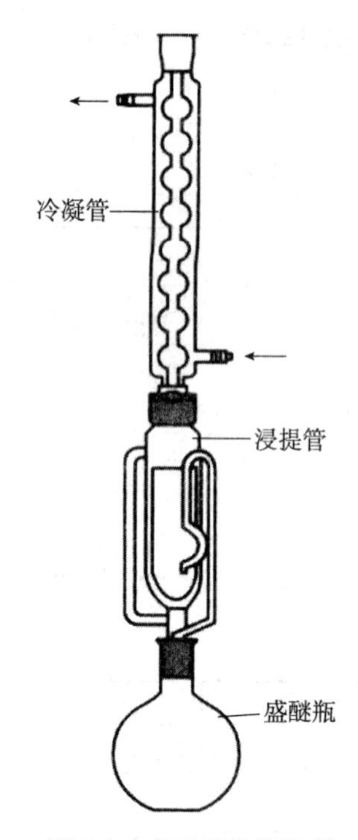

图 5-1　索氏脂肪提取器

（4）加热水浴锅，使温度保持 75～80℃，乙醚在盛醚瓶中蒸发，乙醚蒸气至冷凝管处冷凝为液体，仍流回浸提管中。样品受乙醚的浸渍，其中所含脂肪即被溶解。当浸提管中乙醚积聚相当高度时，即由虹吸管回流入盛醚瓶。提取时间由 4h（乙醚冷却速度 5～6 滴/s）至 16h（2～3 滴/s），样品中所含脂肪可全部浸提出而积存于盛醚瓶中［注释（3）］。

（5）提取完毕后，移去上部的冷凝管，取出样品包，将冷凝管放回原处，再继续蒸馏，使管中乙醚再回流一次，以冲洗浸提管中余留的脂肪。然后继续蒸馏，当乙醚聚积至虹吸管 2/3 高度处，取下装置，将管中乙醚倒入乙醚回收瓶中。继续进行，直到盛醚瓶中乙醚几乎全部收完为止。此时瓶中只有粗脂肪和极少量乙醚存留。

（6）用蒸馏水洗净盛醚瓶底壁（注意勿使水溅入瓶内）。

（7）将盛粗脂肪的盛醚瓶置于 100～105℃烘箱内烘干，需 1～2h，开始时烘箱门半开，以免乙醚蒸气燃烧起火。烘干时间因样品中粗脂肪含量的多少而变化，不宜固定，以达到恒重为准。将盛醚瓶移入干燥器中，冷却 30min 后称重，直至恒重为止。盛醚瓶增加的重量即为样品的粗脂肪量［注释（4）］。为使测定结果准确，应同时作试剂空白试验，以作校正。

四、结果计算

（1）计算公式：

$$样本中粗脂肪含量（\%）=\frac{粗脂肪重（g）}{样本重（g）}\times 100\%=\frac{W_2-W_1}{W}\times 100\%$$

式中：W 为样品重（即测定饲料干物质含量的样品重量）（g）；W_1 为已恒重的盛醚瓶重量（g）；W_2 为已恒重的浸提后盛醚瓶与粗脂肪重量（g）。

（2）重复性　每个试样取两个平行样进行测定，以其算术平均值为结果。粗脂肪含量在10%以上（含10%），允许相对偏差为3%；粗脂肪含量在10%以下，允许相对偏差为5%。

五、注意事项

（1）乙醚为麻醉剂，且能引起消化道中毒，使用时应注意防止其挥发。

（2）乙醚易燃烧，在用乙醚提取时，实验室内严禁点酒精灯、擦火柴、吸烟等，以防着火。

（3）盛醚瓶称重前后的取放，不宜用手直接接触，以免手上油汗沾染盛醚瓶，影响测定结果。

（4）包扎样品时，应先将手洗净，以免影响结果。

（5）滤纸和棉线或特制滤纸筒仍可继续使用，但应保持清洁，防止污染，以免影响测定结果。

（6）回收乙醚前应检查脂肪是否抽提完全：调节冷凝管旋塞，接一滴乙醚于玻璃表面皿上，待自然干燥后，检查表面皿上是否有污渍。无污渍则脂肪抽提完全，可进行乙醚回收。

（7）回收乙醚前应空蒸一回再进行。

（8）盛醚瓶放入恒温干燥箱时要保证无乙醚，以防引起爆炸。

六、注释

（1）索氏测定脂肪法与饲料中其他概略营养成分测定法同样，准确度亦不够高。植物种子的乙醚提取物中真脂肪约有85%，青饲料的乙醚提取物中真脂肪量极少，大部分为叶绿素。

（2）鲜肉类（猪肉、鸡肉、鱼肉等）中脂肪测定前须先烘去肉中水分。具体方法如下：称取磨碎鲜肉样约10g放在铺有少量石棉的滤纸筒或滤纸上，用小棒混匀，将滤纸筒或滤纸移入瓷盘或铝匣中，在100～102℃烘箱内烘6h

（烘去鲜肉中水分），取出瓷盘或铝匣，冷却后，用棉线包扎滤纸包，后续步骤按照饲料中脂肪测定法进行。

（3）估计样品中所含脂肪在20%以上时，浸提时间需16h；5%～20%时，需12h，5%以下时则需8h。

（4）样品中粗脂肪量亦可根据样品滤纸包经乙醚提取前后的失重来计算。方法如下：

样本中粗脂肪含量（%）＝

$$\frac{\text{样本滤纸包乙醚提取前重}-\text{样本滤纸包乙醚提取后重}}{\text{样本重}}\times 100\%$$

样品滤纸包经乙醚提取后放入一个干净的已知重的称重瓶中，在100～105℃烘箱烘1～2h，在干燥器中冷却，称重，直至恒重。经乙醚提取后的滤纸包在称重时容易吸收空气中水分，影响包重，因此操作宜迅速。

七、思考题

（1）盛有粗脂肪的盛醚瓶在100～105℃烘箱内的时间为什么不能过长？时间过长是否会影响测定结果？

（2）脂肪包的长度为何不能超过虹吸管的高度？

第三节　饲料中粗纤维的测定

粗纤维是植物细胞壁的主要成分，包括纤维素、半纤维素、木质素等成分。

一、原理

粗纤维的常规测定法是在公认的强制规定条件下测定。将试样用一定容量和一定浓度的预热硫酸和氢氧化钠溶液相继煮沸消化一定时间，再用乙醇和乙醚除去醚溶物，经高温灼烧扣除矿物质的剩余物为粗纤维。当用稀酸处理时，淀粉、果胶和部分半纤维素被溶解；当用稀碱处理时，又可除去蛋白质和部分半纤维素、木质素、脂肪；用乙醇和乙醚处理时，可除去单宁、色素、脂肪、蜡质以及部分蛋白质和戊糖。用这种方法测得的“粗纤维”实际上是以纤维素为主，含有少量半纤维素和木质素的混合物。

在用此法处理饲料时，硫酸可水解饲料中全部淀粉和大部分半纤维素，并可水解部分饲料中蛋白质，溶解部分碱性矿物质及植物碱。碱处理饲料可水解饲料中大部分蛋白质，除去脂肪，并溶解酸不能溶解的全部半纤维素和水解饲料中大量木质素。酒精处理饲料可溶解饲料中的树脂、单宁和色素以及剩余的脂肪和蜡。

饲料中粗纤维的测定方法并非一种精确方法，所测结果只是一个在公认的强制条件下测定的数值。测定饲料中粗纤维的含量受饲料样品细度差异的影响。粗纤维并不是一个固定的（或明确的）化学实体。在测定粗纤维过程中相当数量的木质素（碳水化合物成分中惰性最大的一种）溶入煮沸的氢氧化钠溶液，因而饲料中部分木质素并不包括在饲料粗纤维的测定数值内，而被计算入饲料的无氮浸出物结果中。由此可见所测出的饲料粗纤维量不包括饲料中全部最粗糙的有机物质。

由于粗纤维本身是在强制规定下测得的概略养分，目前尚无更好的测定粗纤维的方法，因此现在已改用中性洗涤纤维和酸性洗涤纤维测定法代替粗纤维测定法。但在大部分地区的饲料概略营养成分测定法中，仍沿用粗纤维测定法。

二、仪器、试剂及需要量

（一）仪器名称及需要量

1. 1 人做 2 次测定所需仪器数量

三角瓶	500mL	2 个
表面皿（盖三角瓶或烧杯用）		2 个
冷凝管	30 cm	2 支
抽滤瓶	500mL	2 个
布氏漏斗	直径 6cm	2 个
古氏坩埚	带盖 30mL	2 个
古氏坩埚垫	橡胶质	2 个
小匙勺		1 个
洗瓶	500mL	1 个
玻棒	16cm	1 支
烧杯	50mL	1 个
量筒	200mL	1 个
干燥器	直径 30cm	1 个
分析天平		1 架
滤布		2 块

2. 公用仪器数量

真空抽气机	180W	1架
烧杯	1 000mL	1个
电热板		1块
量筒	200mL	2个
橡皮管	壁厚0.5～0.7cm，直径3cm	1根
定时钟		1只
烘箱		1台
茂福炉		1台

（二）试剂名称及需要量

1. 1人做2次测定所需试剂数量

0.255mol/L硫酸溶液		400mL
0.313mol/L氢氧化钠溶液		400mL
乙醇	95%	50mL
石蕊试纸	红色，蓝色	各2张
防泡沫剂	水与石油醚（1∶4）混合	2滴

2. 溶液配制

（1）硫酸溶液　（0.255±0.005）mol/L，每100mL含1.25g纯硫酸。溶液浓度必须用NaOH标准溶液准确标定，以甲基橙为指示剂。

（2）氢氧化钠溶液　（0.313±0.005）mol/L，每100mL含1.25g氢氧化钠，应不含或含微量碳酸钠。溶液浓度必须用滴定法准确标定，标定方法如下：

在玻璃杯中称取已于100℃烘箱内烘1h的邻苯二甲酸氢钾$KHC_8H_4O_4$（分析纯）4～6g（称至3位小数），加蒸馏水100mL，在电热板上加热，并加2滴酚酞指示剂。用NaOH溶液滴定，由无色变为淡红色为止。

NaOH溶液浓度（mol/L）＝

$$1\,000\times\frac{\text{邻苯二甲酸氢钾（g）}}{204.2\text{（g/mol）}}\times\frac{1}{\text{NaOH溶液消耗量（mL）}}$$

3. 石棉制备　将中等长度的酸洗涤石棉薄铺在蒸发皿中，放入600℃茂福炉中烧灼16h，用配制的1.25%H_2SO_4浸没石棉，煮沸30min，过滤，用蒸馏水洗净酸。同样用1.25% NaOH煮沸30min，过滤，用蒸馏水洗净碱。烘干，放入600℃茂福炉中烧灼2h，烧去有机物质。1g石棉经酸、碱处理的空白试验，测得的粗纤维含量极微小（约1mg）。

三、操作步骤

（1）取2g经乙醚提取脂肪的样品（如样品中粗脂肪含量<1%，不需经乙醚提取）或测定脂肪后的样品，全部移入500mL三角瓶中。滤纸如黏附样品细粒，可用毛刷刷净。

（2）在三角瓶中加煮沸0.255mol/L硫酸液200mL［注释（1）］和1滴防泡沫剂（不宜过多，过多使测定结果偏高）。用蜡笔在液面处划一刻度线，在三角瓶口加表面皿或连接回流冷凝管［注释（2）］。

（3）将三角瓶立即放在电热板上加热，使瓶内液体在1min内煮沸。继续煮沸30min，每隔5min摇动三角瓶一次，以充分混合瓶内物质。但须避免饲料沾在液面以上的瓶壁。在加热过程中溶液如有蒸发，应添加煮沸蒸馏水至三角瓶200mL刻度处。

（4）30min后应立即移开三角瓶，随后用铺有滤布的布氏漏斗过滤。调节漏斗抽气速度，使200mL滤液在10min内全部滤净（如超过10min应重新测定）。再以沸水洗涤三角瓶与残渣（先用50mL沸水，继续再用50mL沸水洗涤三次），直到滤液用石蕊试纸检查呈中性反应为止（用蓝色石蕊试纸检查）。

（5）用200mL煮沸的0.313mol/L氢氧化钠溶液冲洗滤布上的残渣至原三角瓶内（先用小匙勺将滤布上的残渣尽量刮入三角瓶内），而后将滤布移入50mL小烧杯。杯中加少量煮沸的0.313mol/L氢氧化钠溶液，用玻棒拨动布上残渣使全部移入三角瓶内为止。最后将煮沸氢氧化钠溶液加至200mL刻度处，在三角瓶口加表面皿（或连接回流冷凝管）。

（6）立即将三角瓶放在电热板上，在1min内煮沸，重复步骤（3）、（4）。在洗涤过程中可先用25mL煮沸0.255mol/L硫酸液，再用50mL沸水洗涤残渣三次，直到洗液用石蕊试纸检查呈中性为止（用红色石蕊试纸检查）。

（7）在抽滤瓶上安装一个致密薄层石棉的古氏坩埚［注释（3）］。将滤布上的残渣全部移入古氏坩埚，进行方法同步骤（5），只是不用氢氧化钠液，而用蒸馏水冲洗，用抽滤瓶抽去古氏坩埚中的水。

（8）再以25mL乙醇冲洗坩埚中的残渣。将坩埚及内容物放入100～105℃烘箱内烘干，烘至恒重，约3h；或130℃烘箱内烘2h。

（9）将坩埚盖半开，置电炉上用小火慢慢炭化至无烟，然后将坩埚移入茂福炉（500±15）℃中灼烧，至残渣中含碳物质全部烧尽，约30min；再将坩埚移入干燥器内冷却称重，直到恒重。注意：当坩埚在（500±15）℃的高温炉内灼烧后，不要立即将坩埚取出，否则由于炉内与炉外的温差太大，极易使坩埚炸裂。

四、结果计算

（1）计算公式：

$$样本中粗纤维含量（\%）=\frac{粗纤维重（g）}{样本重（g）}\times100\%=\frac{W_1-W_2}{W}\times100\%$$

式中：W 为样品（未脱脂时）重量（g）；W_1 为 105℃烘干后坩埚及试样残渣重（g）；W_2 为（500±15）℃灼烧后坩埚及试样灰分重（g）。

（2）重复性　每个试样应取两平行样进行测定，以其算术平均值为结果。粗纤维含量在 10%以下，允许相差（绝对值）为 0.4%；粗纤维含量在 10%以上，允许相对偏差为 4%。

五、注意事项

（1）酸和碱处理时应注意准确微沸 30min。

（2）在冲洗过程中应避免残渣的损失。

六、注释

（1）能量饲料如玉米、大麦等淀粉含量高，在 2g 样品中加入 0.5g 处理过的石棉，再加硫酸溶液，便于过滤。

（2）为保持三角瓶中硫酸液的容量和浓度不变，瓶口装置冷凝管较为合适，以防水蒸气逸出和酸浓度增加。

（3）制备古氏坩埚时，将制备的石棉放入盛蒸馏水的玻璃瓶内，加水振摇玻璃瓶，使石棉成稀薄的悬液。将混匀的石棉悬液约 30mL 倒入坩埚内，使其中的水自动漏出，再用抽滤瓶抽干。将坩埚取下，用眼向有光处检查，如该坩埚内所铺石棉无小孔，即可使用。但石棉层不可太厚，以免不易过滤。

七、思考题

（1）饲料中粗纤维是在什么公认的规定条件下测定的？如果这些规定的条件有变动，则所测得结果可否作为粗纤维含量，试说明其原因。

（2）纤维素和木质素的营养价值有何不同？

（3）粗纤维中含有哪三种主要组成成分？这三种组成成分是否全部在粗纤维内？酸性洗涤纤维含有哪两种重要成分？酸性洗涤纤维、粗纤维及真纤维有何不同？

附一 Van Soest中性洗涤纤维（NDF）及酸性洗涤纤维（ADF）的测定

饲料养分的常规测定法中存在的重要缺点之一，是测得饲料的粗纤维与无氮浸出物的数值不能反映饲料的真实情况。测定的粗纤维不是一种纯净物，而是几种化合物的混合物，其中主要组成是纤维素、半纤维素与木质素。纤维素与半纤维素具有相似的营养价值，它们的营养价值对反刍家畜要高于单胃家畜。全部家畜均不能消化木质素，但用常规法测定饲料的粗纤维时，饲料中仅有一部分半纤维素和木质素量包括在粗纤维的数值内，其余部分都被计算在无氮浸出物的数值中，且都被认为与糖和淀粉具有同样的消化性能。由此可见，常规法测得粗纤维的数值不能全部反映饲料中大部分的不消化成分。

基于上述原因，Van Soest 等提出了测定饲料中中性洗涤纤维（NDF）和酸性洗涤纤维（ADF）的洗涤纤维分析法：植物性饲料经中性洗涤剂煮沸处理，不溶解的残渣为中性洗涤纤维，主要为细胞壁成分，其中包括半纤维素、纤维素、木质素和硅酸盐；经酸性洗涤剂处理，剩余的残渣为酸性洗涤纤维，其中包括纤维素、木质素和硅酸盐。酸性洗涤纤维经72%硫酸处理后的残渣为木质素和硅酸盐，从酸性洗涤纤维测定值中减去72%硫酸处理后的残渣为饲料的纤维素含量。将72%硫酸处理后的残渣灰化，在灰化过程中逸出的部分为酸性洗涤木质素（ADL）的含量（图5-2）。

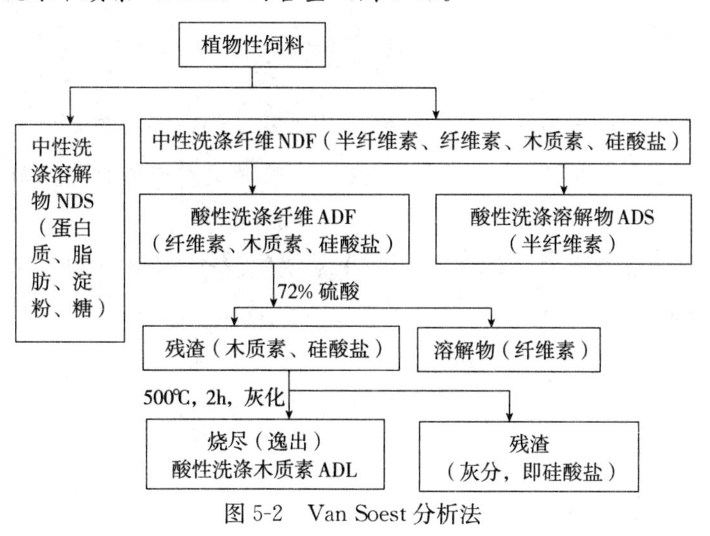

图5-2 Van Soest分析法

一、试剂

1. 中性洗涤剂（3%十二烷基硫酸钠） 准确称取18.6g乙二胺四乙酸二钠（EDTA，$C_{10}H_{14}N_2O_8Na_2 \cdot 2H_2O$，化学纯）和6.8g硼砂（$Na_2B_4O_7 \cdot 10H_2O$，GB 632-1978，分析纯）一同放入1 000mL刻度烧杯中，加入少量蒸馏水，加热溶解后，再加入30g十二烷基硫酸钠（$C_{12}H_{25}NaO_4S$，化学纯）和10mL乙二醇乙醚（$C_4H_{10}O_2$，化学纯）；称取4.56g无水磷酸氢二钠（Na_2HPO_4，化学纯）置于另一烧杯中，加少量蒸馏水微微加热溶解后，倾入第一个烧杯中，在容量瓶中稀释至1 000mL，此溶液pH在6.9～7.1（pH一般不需要调整）。

2. 浓度为1.00mol/L的硫酸 取约27.87mL浓硫酸（H_2SO_4，化学纯，96%，相对密度1.84）慢慢加入已装有500mL蒸馏水的烧杯中，冷却后在1 000mL容量瓶内定容。

1.00mol/L硫酸的标定：用分析天平准确称取在300℃干燥至恒重的基准无水（注释）碳酸钠1.6g左右（准确至0.000 1g），加蒸馏水50mL使溶解，加甲基红-溴甲酚绿混合指示剂10滴，用盐酸标准溶液滴定至溶液由绿色变为暗红色，煮沸2min，冷却后继续滴定至溶液再呈暗紫色为终点；同时做空白试验。根据下式计算H_2SO_4标准溶液浓度：

$$H_2SO_4\ (\text{mol/L}) = \frac{W}{\dfrac{\text{无水碳酸钠分子量}/2}{(V-V_0)\ /1\ 000}} = \frac{W \times 2\ 000}{(V-V_0)\ \times 106.0}$$

式中：W为基准无水碳酸钠的称取量（g）；V为滴定时硫酸标准溶液消耗的体积（mL）；V_0为空白试验滴定时硫酸标准溶液消耗的体积（mL）。

3. 酸性洗涤剂（2%十六烷三甲基溴化铵） 称取20g十六烷三甲基溴化铵（CTAB，化学纯）溶于1 000mL的1.00mol/L硫酸溶液中，搅拌溶解，必要时过滤。

4. 无水亚硫酸钠 Na_2SO_3，化学纯。

5. 丙酮 CH_3COCH_3，化学纯。

6. 十氢化萘 $C_{10}H_{18}$，化学纯。

二、操作步骤

（1）称取1g左右样品（磨碎并通过1mm筛孔）置于高型烧杯中，加入中性或酸性洗涤剂100mL，在高型烧杯上装置球形冷凝管。

溶于中性洗涤液中物质（NDS）包括饲料中细胞内容物的大部成分，主要有脂肪、糖、淀粉和蛋白质，这些物质的消化率均高，平均真实消化率达98%。不溶中性洗涤液物质（存留在滤纸上的物质）称之为中性洗涤纤维（NDF），即由植物细胞壁组成，它主要包括纤维素、半纤维素、木质素、硅酸和少量蛋白质。在常规粗略分析法中一定量的半纤维素和木质素由粗纤维中损失而被计算入无氮浸出物中。但在Van Soest法中半纤维素、木质素及纤维素均无损失，存在于中性洗涤纤维内。

不溶于酸性洗涤溶液的沉淀称之为酸性洗涤纤维（ADF），主要包括纤维素、木质素和一定量硅酸。

NDF与ADF之差数即得出饲料中半纤维素量。

为测定木质素，将ADF放入72%硫酸液中在15℃消化3h，过滤、洗涤沉淀，烘干称至恒重后，再行灰化，留下的灰分即为饲料中硅酸量。烘干的沉淀量与灰化量之差数即为酸性洗涤木质素（ADL）或称为酸不溶木质素。

纤维素＝ADF－ADL－灰分

（2）将高型烧杯置于调温电炉上加热，要求在5～10min内煮沸，回流1h（调节电炉温度，使溶液保持在微沸状态，防止泡沫上升），注意经常摇动烧杯，使烧杯内样品与溶液充分混合和接触。

（3）回流结束后，取下高型烧杯，将烧杯中溶液缓慢倒入铺有干燥并称重后的定量滤纸的漏斗上，以抽滤装置抽滤，注意调节抽气速度，防止滤纸破裂。

（4）关闭抽滤装置，将高型烧杯中的样品残渣全部倒在滤纸上，并用热蒸馏水（>90℃）冲洗残渣至中性为止（可用蓝色石蕊试纸检查）。

（5）用丙酮冲洗残渣至流下的丙酮液呈无色为止。

（6）将残渣用滤纸包好，置于（105±2）℃烘箱内烘24h，取出置于干燥器中冷却，称至恒重。

三、结果计算

1. 计算公式

中性（或酸性）洗涤纤维（%）＝

$$\frac{\text{滤纸和样品残渣重（g）}-\text{滤纸烘干后重（g）}}{\text{样品重（g）}}\times 100\%$$

2. 重复性 每个试样至少应取两个平行样进行测定，以其算术平均值为结果。

中（酸）性洗涤纤维含量≥10%时，允许相对偏差为4%；中（酸）性洗涤纤维含量＜10%时，允许相差（绝对值）为0.4%。

四、注释

用来直接配制标准溶液的纯物质叫基准物质，它必须具备下列条件：①试剂纯度高，其杂质含量应少到可以忽略不计。②物质的组成必须精确地符合化学式。如果是水合物，结晶水的含量也必须与化学式符合；③物质必须稳定，在配制和贮存中不会发生变化。例如，在烘干时不分解，称量时不易吸湿、不吸收空气中的二氧化碳，也不因氧化还原而变质等。

第四节　饲料中粗蛋白质含量的测定

一、原理

饲料中含氮物质包括纯蛋白质和氨化物（氨化物有氨基酸、酰胺、硝酸盐及铵盐等），两者总称为粗蛋白质。凯氏半微量定氮法［注释（1）］的基本原理是用浓硫酸分解样品中蛋白质与氨化物，使之都转变成氨气，氨气被浓硫酸吸收变为硫酸铵。硫酸铵在浓碱的作用下放出氨气。通过蒸馏，氨气随蒸汽顺着冷凝管流入硼酸溶液［注释（2）］，与之结合成为四硼酸铵，后者用盐酸或硫酸标准液滴定，即可测定放出的氨态氮量。根据氨态氮量，乘以特定系数，一般为6.25［注释（3）］，即可得出样品中粗蛋白质含量。上述过程中的化学反应如下：

$2CH_3CHNH_2COOH$［注释（4）］$+13H_2SO_4 \rightarrow (NH_4)_2SO_4+6CO_2\uparrow+12SO_2\uparrow+16H_2O$

$$(NH_4)_2SO_4+2NaOH \rightarrow 2NH_3\uparrow+2H_2O+Na_2SO_4$$

$$4H_3BO_3 + NH_3 \rightarrow NH_4HB_4O_7 + 5H_2O$$

$$NH_4HB_4O_7 + HCl + 5H_2O \rightarrow NH_4Cl + 4H_3BO_3$$

畜体、畜产品、粪、尿中粗蛋白质含量的测定，也用此方法。

二、仪器、试剂及需要量

（一）仪器名称及需要量

1. 1 人做 2 次测定所需仪器数量

凯氏烧瓶	100mL	2 个
分析天平		1 架
玻璃珠		6 粒
量筒	50mL	1 个
漏斗	4～6cm 直径	2 个
容量瓶	100mL	2 个
三角瓶	150mL	2—6 个
滴定管		1 支
移液管	10 或 5mL	1 支

2. 公用仪器数量

量筒	5mL	2 个
量筒	10 或 20mL	各 1 个
电消化架	5 孔	1 架
半微量凯氏蒸馏器		1 套
电炉	1 000W	1 个
蒸气发生瓶	3 000mL、平底短颈	1 个
定时钟		1 个
毒气柜		1 架

（二）试剂名称及需要量

1. 1 人做 2 次测定所需试剂数量

硫酸铜（化学纯）	0.52g
无水硫酸钠（化学纯）	10g
硫酸（相对密度 1.84，无氮）	24mL

（续）

0.01mol/L 盐酸或硫酸标准液	80mL
1%硼酸溶液	20mL
50%氢氧化钠溶液	40mL
甲基红-溴甲酚绿混合指示剂	2mL
氨态氮标准液（0.01mol/L 硫酸铵液）	10mL

2. 试剂配制

（1）1%硼酸溶液　1g 化学纯硼酸溶于 100mL 蒸馏水内。

（2）50%氢氧化钠溶液　50g 氢氧化钠溶于 100mL 蒸馏水内。

（3）甲基红－溴甲酚绿混合指示剂　取 0.1 %甲基红酒精溶液 20mL 与 0.5% 溴甲酚绿酒精溶液 20mL 混匀。此混合指示剂在碱性溶液呈蓝色，在中性溶液呈灰色。

（4）0.01mol/L 盐酸标准溶液　0.84mL 盐酸（分析纯），用蒸馏水稀释到 1 000mL，用邻苯二甲酸氢钾法标定。

（5）氨态氮标准液　0.01mol/L 硫酸铵液（将硫酸铵分析纯试剂放入 105℃ 烘箱中烘 1h，在干燥器中冷却。称取 0.661g 干燥的硫酸铵盐，溶解稀释至 1 000mL）。

三、操作步骤

（一）消化

（1）准确称取风干或半干样品 0.4～1g［注释（5）］，将称样纸卷成筒状，小心无损地将样品放入 100mL 洗净烘干的凯氏烧瓶中。

（2）加入无水硫酸钠（或无水硫酸钾）2.5g［注释（6）］，硫酸铜 0.13g［注释（7）］以及浓硫酸 6mL，再加玻璃珠 2 粒，以防消化时液体溅失。

（3）在凯氏烧瓶上加一个小漏斗，将凯氏烧瓶放在消化架的电炉上加热消化。开始加热时，先用小火，以免瓶内产生大量泡沫，溢出瓶口。等泡沫停止产生后，再加强火力。消化时应经常转动烧瓶，使全部样品浸入硫酸内。如有黑泡溅在瓶壁上，应等烧瓶冷却后加少量蒸馏水冲洗之，再继续加热消化。如有黑炭粒不能全部消失，则等烧瓶冷却后，补加少量浓硫酸，继续加热，直至瓶内溶液澄清，消化才告完毕。

一般饲料消化需 3～4h，消化过程中产生 SO_2，有刺鼻味，故需在毒气柜中进行。

（4）将试样的消煮液冷却，加蒸馏水 20mL，摇匀，然后将烧瓶中溶液无损地移入 100mL 容量瓶内，用蒸馏水冲洗凯氏烧瓶数次，洗液亦应加入容量瓶内，冷却后用水稀释至刻度，摇匀，为试样分解液。

（5）试剂空白测定可另取 100mL 凯氏烧瓶一个，加入无水硫酸钠 2.5g、硫酸铜 0.13g 及硫酸 6mL；同样加热消化，直至瓶内溶液澄清。此溶液的氮量即试剂中的含氮量，必须从样品测定结果中减去。

（二）蒸馏

（1）将凯氏半微量定氮仪装置（图 5-3）准备妥当后，先用蒸气洗涤一次。

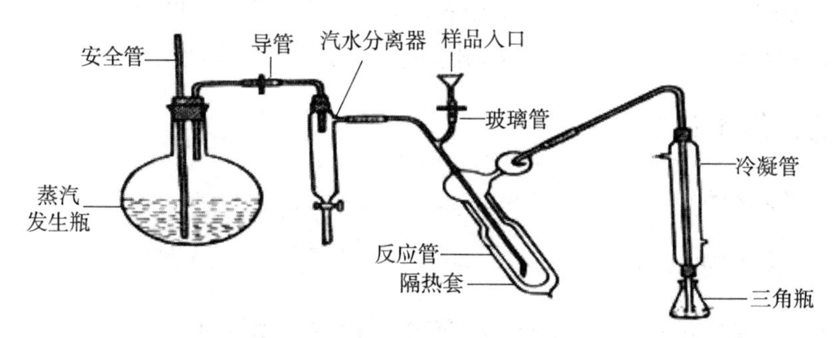

图 5-3　凯氏半微量定氮装置

（2）用量筒量取 1%硼酸溶液 10mL 加入 150mL 三角瓶内，加入 2 滴甲基红一溴甲酚绿混合指示剂，置于蒸馏装置的冷凝管下，使管口浸入硼酸溶液内。

（3）蒸馏装置的蒸汽发生器的水中应加甲基红一溴甲酚绿指示剂数滴，硫酸数滴，且保持此液为橙红色或灰色，否则补加硫酸，煮沸蒸汽发生瓶中蒸馏水。

（4）用移液管准确移取试样分解液 10～20mL，由图 5-3 中凯氏蒸馏装置上的样品入口注入反应管，再以 20mL 蒸馏水冲洗样品入口处，将样品入口处的玻棒塞紧。取 1.5mL 饱和氢氧化钠溶液注入样品入口处，小心地轻轻提起棒状玻塞，使氢氧化钠流入反应管，立刻将玻塞盖紧，加水于样品入口处，以防漏气。开始蒸馏，蒸汽吹入反应管。使氨气通过冷凝管而流入三角瓶的硼酸吸收液中，蒸馏 4min，移动三角瓶，使冷凝管末端离开吸收液面，继续蒸馏 1min，并用蒸馏水冲洗冷凝管末端，洗液均流入吸收液，将三角瓶移开蒸馏装置，准备滴定。

（5）将试剂空白测定之消化液同样处理，测定其中含氮量。

(三) 滴定

(1) 先将微量滴定管准备妥当，装入 0.01mol/LHCl 标准溶液，然后将上述三角瓶移开蒸馏装置后，立即用 0.01mol/L 盐酸标准溶液滴定，至瓶中溶液由蓝绿色变成灰红色为终点。

(2) 同样滴定试剂空白消化液中蒸馏出的氨量。

四、蒸馏器的检查

在使用蒸馏器前须先作检查。具体方法为：吸取 0.01mol/L 硫酸铵标准溶液 5mL，放入蒸馏器中，再加饱和氢氧化钠溶液，然后进行蒸馏，操作过程与样品消化液的蒸馏相同。滴定硫酸铵蒸馏液所需用的 0.01mol/L HCl 标准溶液消耗量减去空白（用 5mL 蒸馏水代替硫酸铵标准液进行蒸馏所用的 0.01mol/L HCl 标准溶液消耗量）应为 5mL，则该项蒸馏装置才合乎使用标准。

五、结果计算

1. 计算公式

$$粗蛋白质（\%）=\frac{(V_1-V_2)\times c\times 0.0140}{m}\times\frac{V_4}{V_3}\times F\times 100\%$$

式中：m 为试样质量（g）；c 为盐酸标准溶液浓度（mol/L）；0.014 0 为氮的毫摩尔质量；V_2为试样消耗盐酸标准溶液的体积（mL）；V_1为试剂空白消耗盐酸标准溶液的体积（mL）；V_3为试样分解液蒸馏用体积（mL）；$(V)_4$为试样分解液总体积（mL）；F 为氮换算成蛋白质的系数（平均值为 6.25）。

说明：①系数 6.25 是按照每 100g 粗蛋白质含有 16g 氮计算而得。②系数 0.014 即 1mL 的 1mol/L HCl 液相当于 0.014g 氮。③每次测定样品时必须同时作试剂空白试验。

计算举例：称取豌豆样品 0.100g，消化液稀释至 100mL。取 10mL 消化液蒸馏。标准盐酸浓度为 0.01mol/L，空白滴定用去盐酸量为 0.120mL，样品滴定用去盐酸量为 2.902mL，测得豌豆中粗蛋白质含量为：

$$(2.920-0.120)\times 0.0100\times 0.014\times 6.25\times\frac{100}{10}\times\frac{100}{0.1}\times 2.800\times 8.75\times$$

100%=24.5%

2. 重复性 每个试样取两平行样进行测定．以其算术平均值为结果。当粗蛋白质含量在 25%以上时，允许相对偏差为 1%；当粗蛋白质含量在10%～25%时，允许相对偏差为 2%；当粗蛋白质含量在 10%以下时，允许相对偏差为 3%。

六、注释

（1）目前测定饲料的粗蛋白质含量，多趋向于采用凯氏半微量定氮法，其原因是称取样品量不多，耗用试剂量较少，用于样品消化和蒸馏的时间较短。

凯氏大量定氮法亦在某些情况下被采用，其原理与凯氏半微量定氮法相同。前者备有凯氏蒸馏架，凯氏烧瓶（常用 250mL 或 500mL）中样品消化完毕后，即可加入 200mL 蒸馏水，直接装置在凯氏蒸馏架上全部蒸馏，不需将凯氏烧瓶中消化液转移入容量瓶内，而后再吸取部分稀释液进行蒸馏等手续，这是凯氏大量定氮法的优越性。这个方法适用于测定鲜肉、鲜粪与羊毛中粗蛋白质。

（2）在凯氏定氮法中 Meeker 和 Wagner（1933）用 1% 硼酸液 10mL 替代 10mL 0.01mol/L 盐酸标准溶液。量取 1%硼酸可用普通量筒，因为硼酸与氨的作用仅是一个简单的结合，消化液蒸馏后即可直接用 0.01mol/L 盐酸标准液滴定蒸馏物。

（3）各种饲料的粗蛋白质中氮的含量差异很大，变异范围在 14.7%～19.5%，平均为 16%。凡饲料的粗蛋白质中实际含氮量尚未确定的，可用 6.25 平均系数乘以含氮量换算成粗蛋白质含量。凡饲料粗蛋白质中实际含氮量已经确定的，可用它们的实际系数来换算。例如，荞麦、玉米用系数 6.00，箭舌豌豆、大豆、蚕豆、燕麦、小麦、黑麦用系数 5.70，牛奶用系数 6.38。

（4）CH_3CHNH_2COOH 为 α－氨基丙酸，代表饲料粗蛋白质分解后的一种简单氨基酸，是饲料中有机态氮物质的来源之一。

（5）现在分析饲料的粗蛋白质一般多用凯氏半微量定氮法。由于饲料的粗蛋白质含量差异较大，最多的可超过 80%，最少的仅有 1%左右。因此，称取供消化的风干或半干样品重量、稀释消化液的容量及吸取供蒸馏的稀释消化液的容量，均需根据样品粗蛋白质含量的多少而调整，使最后滴定的 0.01mol/L 标准盐酸溶液消耗量在 5mL 之内，便于使用微量滴定管而获得准确的结果。具体取量见表 5-2。

表 5-2　不同蛋白质含量的试样称取量及消化液蒸馏取量

风干试样中粗蛋白质含量（%）	试样称取量（g）	消化液稀释体积（mL）	供蒸馏消化液移取量（mL）	滴定 0.01mol/L HCl 标准液预期用量（mL）
1～10	0.5	250	20	0.4～4.4
10～20	0.2	250	20	2.2～4.4

（续）

风干试样中粗蛋白质含量（%）	试样称取量（g）	消化液稀释体积（mL）	供蒸馏消化液移取量（mL）	滴定 0.01mol/L HCl 标准液预期用量（mL）
20～40	0.2	250	10	2.2～4.4
40～70	0.2	500	10	2.2～4.4
70～90	0.2	500	10	2.9～4.0

在饲养试验中测定鲜肉、整只鸡体或羊毛的粗蛋白质含量时，为保证采样的代表性，可称取 10g 新鲜畜体样品，用滤纸包裹后放入 250mL 凯氏烧瓶中，再加 0.5g 硫酸铜、8～10g 无水硫酸钠和 30mL 浓硫酸，加热消化 3～4h。消化液稀释至 250mL，再吸取 5mL 消化液蒸馏，这样约耗用 30mL 0.02mol/L HCl 标准溶液。

测定家畜粪样粗蛋白质含量时，可取 2g 半干样或 5～10g 湿样，加入 0.5g 硫酸铜、8～10g 无水硫酸钠和 30mL 浓硫酸进行消化。

（6）加入无水硫酸钠（或无水硫酸钾）的目的是提高浓硫酸的沸点，使消化效力提高。纯硫酸的沸点为 317℃，加入无水硫酸钠或无水硫酸钾后，硫酸沸点可增至 325～341℃。

（7）硫酸铜为还原催化剂，其反应原理如下：

$$2CuSO_4 + C \xrightarrow[\text{(有机物质)}]{H_2SO_4} Cu_2SO_2 + SO_4 \uparrow + CO_2 \uparrow$$

$$CuSO_4 + 2H_2SO_4 \longrightarrow 2CuSO_4 + 2H_2O + SO_2 \uparrow$$

第五节　饲料中粗灰分（矿物质）的测定

粗灰分是饲料样品在高温炉中将全部有机物质氧化后剩余的残渣。主要为矿物质氧化物或盐类等无机物质，有时还含有少量泥沙。灰分分水溶性与水不溶性、酸溶性与酸不溶性灰分。水溶性灰分大部分是钾、钠、钙、镁等氧化物和可溶性盐，水不溶性灰分除泥沙外，还有铁、铝等的氧化物和碱土金属的碱式磷酸盐。酸不溶性灰分大部分为掺入泥沙和原来存在于动植物组织中经灼烧成的二氧化硅。测定粗灰分，可掌握饲料中的灰分总量，了解不同生长期、不同器官中灰分的变动情况；也可在此基础上测定灰分中组成元素的含量。此外，测定粗灰分对饲料品质鉴定也有参考意义，若含量过高，饲料中可能混入沙石、土等。

一、原理

饲料样品中有机物质的主要元素如氮、氢、氧、碳等在高温下（400～600℃）烧灼后被氧化而逸失，所剩残渣总称为“粗灰分”。粗灰分包括饲料中所含各种矿物质元素的氧化物和少量杂质，如黏土、沙石等，纯灰分则不含杂质。杂质无营养价值。

畜体、畜产品、粪、尿中粗灰分的测定也用此方法。

二、仪器、试剂及需要量

（一）仪器名称及需要量

1. 1 人做 2 次测定所需仪器数量

分析天平		1 架
坩埚（带盖）	瓷质，容量 30mL	2 套
坩埚钳	短柄	1 把
干燥器	直径 30cm	1 个

2. 公用仪器数量

高温茂福炉	带高温温度计	1 具
电热板		1 具
坩埚钳	长柄	1 把

（二）试剂名称及需要量

1. 1 人做 2 次测定所需试剂量

氯化钙	工业用	500g
凡士林	普通	10g

2. 公用试剂名称及需要量　0.5％氯化铁墨水溶液（称 0.5g 氯化铁 $FeCl_3 \cdot 6H_2O$ 溶于 100mL 蓝墨水中，为坩埚编号用），20mL。

三、操作步骤

（1）将带盖的瓷坩埚洗净烘干后，用钢笔蘸 0.5％氯化铁溶液在坩埚盖上编写号码（号码一律刻在坩埚和坩埚盖的厂牌旁，便于寻找），然后于高温茂福炉中 550℃灼烧 30min 即可。

(2) 坩埚恒重　将干净坩埚放入高温炉中，在 (550±20)℃下灼烧 30min。取出，在空气中冷却约 1min，放入干燥器中冷却 30min，称重。再重复灼烧，冷却、称重，直至两次质量之差小于 0.000 5g 为恒重。

(3) 称样品　在已知质量的坩埚中称取 2～5g 试样（勿使样品高于坩埚深度的 1/2，灰分质量应在 0.05g 以上）。

(4) 炭化　将盛有样品的坩埚放在电热板上，坩埚盖须留一小缝隙，用小火慢慢炭化样品中的有机物质。如果炭化时火力太大，则可能由于物质进行剧烈干馏而使部分样品颗粒被逸出的气体带走（这点非常重要，须特别注意）。在炭化过程中，应在低温状态加热灼烧直至无烟，然后升温灼烧至样品无炭粒（勿着明火）。

(5) 灰化及称恒重　将炭化至无烟的坩埚用坩埚钳移入高温茂福炉内，坩埚盖须留一小缝隙，在 (550±20)℃下灼烧 3h，待炉温降至 200℃以下，取出在空气中冷却约 1min，放入干燥器中冷却 30min，称重。再同样灼烧 1h，冷却、称重，直至两次质量之差小于 0.001g 为恒重。

四、结果计算

1. 计算公式

$$\text{样本中粗灰分含量（\%）}=\frac{\text{灰分重（g）}}{\text{样本重（g）}}\times100\%=\frac{W_3-W_1}{W}\times100\%=\frac{W_3-W_1}{W_2-W_1}\times100\%$$

式中：W 为样品重（g）；W_1 为已恒重空坩埚（带盖）的质量（g）；W_2 为坩埚（带盖）加样品的质量(g)；W_3 为灰化后坩埚(带盖）加灰分的质量（g）。

2. 重复性　每个试样应取两个平行样进行测定，以其算术平均值为结果。粗灰分含量在 5% 以上时，允许相对偏差为 1%；粗灰分含量在 5%以下时，允许相对偏差为 5%。

五、注意事项

(1) 试样开始炭化时，坩埚需留一小缝隙，便于气流流通；温度应逐渐上升，防止火力过大而使部分样品颗粒被逸出的气体带走。

(2) 为了避免试样氧化不足，不应把试样压得过紧，应松松放在坩埚内。

(3) 灼烧温度不宜超过 600℃，否则会引起磷、硫等盐的挥发。

（4）灰化后样品应呈白灰色，但其颜色与试样中各元素含量有关，含铁高时为红棕色，含锰高为淡蓝色。如有明显黑色炭粒时，为炭化不完全，可在冷却后加几滴硝酸或过氧化氢，在电炉上烧干后再放入高温炉灼烧直至呈白灰色。

（5）取坩埚时须用坩埚钳。坩埚加高温后，坩埚钳需烧热后才能夹取。

第六节　饲料中钙的测定（高锰酸钾法）

饲料中钙的测定方法通常有三种：高锰酸钾法、EDTA络合滴定法和原子吸收分光光度法。其中，高锰酸钾法准确度高、重复性好，为仲裁法，但操作繁琐、费时、终点难判，且高锰酸钾在热酸性溶液中易分解。EDTA络合滴定法操作简便、快速，适合于大批样品的测定。原子吸收分光光度法干扰少、灵敏度高、简便快速，但仪器设备昂贵，无法普及。

一、原理

样品中有机物质经强酸消化或样品中粗灰分用酸处理溶解后，溶液中含有各种盐类，其中也含有钙盐。钙盐与草酸铵作用，形成白色沉淀，其化学反应如下：

$$CaCl_2 + (NH_4)_2C_2O_4 \rightarrow CaC_2O_4 \downarrow + 2NH_4Cl$$

然后用硫酸溶解草酸钙，再用标准高锰酸钾溶液滴定与钙结合的草酸量，根据高锰酸钾用量，可计算样品中含钙量。其化学反应式如下：

$$CaC_2O_4 + H_2SO_4 \rightarrow CaSO_4 + H_2C_2O_4$$

$$2KMnO_4 + 5H_2C_2O_4 + 3H_2SO_4 \rightarrow 10CO_2 \uparrow + 2MnSO_4 + 8H_2O + K_2SO_4$$

畜体、畜产品、粪、尿中钙的测定也用该方法。

二、仪器、试剂及需要量

（一）仪器名称及需要量

1.1人做2次测定所需仪器数量

棕色玻璃瓶	1 000mL	1个
坩埚	50mL	2个
凯氏烧瓶	250或500mL	2个

（续）

石棉网		1块
容量瓶	250、400mL	各2个
移液管	50、25mL	各1个
滴定管	50mL（酸式）	1个
试管	1cm×10cm	1支
试管夹	木质	1个
玻棒	12cm	1支
量筒	50、10mL	各1个
滤纸	定量	2张
漏斗	长颈、直径6cm	2个
洗瓶	250mL	1个

2. 公用仪器数量

电热板		1块
滴管		2支
酒精灯		1盏
烧瓶	400mL	1个

（二）试剂名称及需要量

1.1 人做 2 次测定所需试剂量

高锰酸钾	化学纯	2g
草酸钠	分析纯	0.2g
浓硝酸	化学纯	60mL
过氯酸	化学纯，70%～72%	20mL
氢氧化铵	化学纯（1∶50）	200mL
氢氧化铵	化学纯（1∶1）	100mL
甲基红指示剂	0.2%（溶于酒精）	4滴
盐酸	化学纯（1∶3）	12mL
草酸铵溶液	4.2%	20mL

（续）

硫酸	化学纯（1∶3）	60mL
标准高锰酸钾溶液	0.05mol/L	80mL

2. 标准高锰酸钾溶液配制　称取高锰酸钾约 1.6g，溶于 800mL 蒸馏水中，煮沸 10min，再用水稀释至 1 000mL，冷却后置于暗处保存 2 周，用烧结玻璃滤器过滤，保存于棕色瓶中。

注意：过滤高锰酸钾溶液所用的玻璃滤器预先应以同样的高锰酸钾溶液缓缓煮沸 5min，收集瓶也要用此高锰酸钾溶液洗涤 2～3 次。此溶液浓度约为 0.05mol/L。

3. 高锰酸钾溶液标定　将分析纯草酸钠（分子量 134）约 10g，置于 105℃烘箱内烘 8h 后放在硫酸干燥器内冷却。准确称取两份草酸钠，每份重 0.1g 左右，称准至 0.000 1g（称取量按消耗 20～30mL 的 0.05mol/L $KMnO_4$ 溶液所需的量），分别溶于 50mL 硫酸溶液中，将此溶液加热至 75～85℃（瓶壁烫手）。用配制好的高锰酸钾溶液滴定。溶液呈现粉红色且 1min 内不褪色为终点。滴定结束时，溶液温度仍需保持在 60℃以上。同时做空白试验。

4. 高锰酸钾标准溶液浓度（C）　按下式计算：

$$C\ (1/5KMnO_4) = \frac{m}{(V - V_0) \times 0.0670}$$

式中：C（$1/5KMnO_4$）为高锰酸钾标准溶液的浓度（mol/L）；m 为草酸钠的质量（g）；V 为高锰酸钾溶液的用量（mL）；V_0为空白试验高锰酸钾溶液的用量（mL）；0.067 0 为与 1.00mL 高锰酸钾标准溶液[C（$1/5KMnO_4$）＝1.000mol/L] 相当的，以克表示的草酸钠的质量数值。

三、操作步骤

（一）试样分解

为测定样品中矿物质，样品处理通常有干法（灰化法）和湿法（消化法）两种。凡样品中含钙量低的，用灰化法为宜；含钙量高的，用消化法为宜。两种方法制备的溶液均可测定钙、磷、铁、锰等矿物质。

1. 干法　称取试样 2～5g 于坩埚中，准确至 0.000 2g，在电炉上低温炭化至无烟为止，再将其放入高温炉于（550±20）℃下灼烧 3h。在盛有灰分的坩埚中加入 1∶3 盐酸溶液 10mL 和浓硝酸数滴，小心煮沸。将此溶液转入 100mL 容量瓶中，并以热蒸馏水洗涤坩埚及漏斗中滤纸，冷却至室温后，定容、摇匀，为试样分解液。

2. 消化法

（1）称取2g风干样品或半干样品，放入250mL凯氏烧瓶中，加入20～30mL浓硝酸，将凯氏烧瓶放置在电炉上用低温加热（电炉上加放石棉网），使溶液保持微沸，加热时温度要控制适当，并时刻转动凯氏烧瓶，使烧瓶中消化液在15～25min内容积失去1/3～1/2（如温度太高，消化时间不到15min可使瓶内溶液减少至1/3～1/2的原容积）。

（2）当消化至规定时间，如发现烧瓶中很少棕色气体逸出，且凯氏烧瓶的球部也无气体积聚时，即可认为样品中有机物已氧化完毕（若烧瓶壁附有样品炭粒，应及时摇荡烧瓶，使炭粒被消化液冲下而氧化）。

（3）待硝酸消化液冷却后，加入70%～72%过氯酸10mL（注意：因过氯酸易爆炸，必须等待凯氏烧瓶冷却，并将烧瓶离开火源后，才可加入过氯酸）。将烧瓶放在电炉上（500W电炉，不加石棉网）消化，直到消化液呈无色澄清液为止，再继续加热2～3min即可，不得蒸干（危险!）。

（4）待烧瓶冷却后，加入少量蒸馏水稀释，滤入100mL容量瓶内，用水定容至刻度，摇匀，为试样分解液。

（二）样品中的钙的测定

1. 草酸钙的沉淀

（1）用移液管准确吸取灰化法或消化法制备的试样分解液25～50mL（溶液取量决定于样品中钙的含量，以耗用0.05mol/L高锰酸钾标准溶液25mL左右为宜）放入烧杯中，加水100mL，甲基红指示剂2滴，滴加1∶1氨水溶液至溶液由红变成橙色，再滴加1∶3盐酸溶液至溶液恰好变红色（pH 2.5～3.0）为止。

（2）小心煮沸，慢慢滴入热的4.2%草酸铵溶液10mL，且不断搅拌。若溶液由红色转变为黄色或橘色，还应补滴1∶3盐酸溶液，直到溶液又转成红色为止。将溶液煮沸3～4min，使溶液中草酸钙沉淀颗粒增大，易于分出。放置溶液过夜，使草酸钙沉淀陈化（或在水浴上加热2h）。

2. 草酸钙沉淀的洗涤

（1）次日用精密定量滤纸（每次倾倒滤液只需加满滤纸的1/3，否则白色沉淀向上移至滤纸边缘）。尽量将烧杯中沉淀全部倒入滤纸中，弃去滤液。

（2）用1∶50的氢氧化铵溶液冲洗烧杯及滤纸上的草酸钙沉淀6～8次，直到沉淀中草酸铵洗净为止。测定草酸铵洗净的方法如下：用试管接滤液2～3mL，在滤液中加1∶3硫酸数滴，试管加热后，再加高锰酸钾溶液1滴，如呈微红且 30s 后不褪色即可。

冲洗沉淀中草酸铵时，应沿滤纸边向下加氢氧化铵溶液，使沉淀集中在滤纸中心，每次加铵液只能加到滤纸的 1/3 处，以免沉淀移向滤纸的边缘。每次加氢氧化铵溶液，需待漏斗中液体滤净后再加，如此进行，易于洗净沉淀中草酸铵。

3. 沉淀的溶解与滴定　将沉淀和滤纸转移到原烧杯中，加 1∶3 热硫酸溶液 10mL、蒸馏水 50mL，然后将烧杯加热到 75～85℃。用 0.05mol/L 高锰酸钾溶液滴定，直到溶液呈微红色，在 30s 以后仍不褪色时为终点。

4. 空白　在干净烧杯中加滤纸 1 张，1∶3 硫酸溶液 10mL、蒸馏水 50mL，加热至 75～85℃后，用高锰酸钾标准溶液滴至微红色且 30s 不褪色为终点。

四、结果计算

1. 计算公式　测定结果按下式计算：

$$X\ (\%)\ =\frac{(V_3-V_0)\times c\times 0.02}{m\times\dfrac{V_2}{V_1}}\times 100\%=\frac{(V_3-V_0)\times c\times 2}{m}\times\frac{V_1}{V_2}$$

式中：X 为以质量分数表示的钙含量（%）；m 为试样质量（g）；V_1为样品灰化液或消化液定容体积（mL）；V_2为测定钙时样品溶液取用量（mL）；V_3为滴定时消耗高锰酸钾标准溶液的体积（mL）；V_0为空白滴定消耗高锰酸钾标准溶液的体积（mL）；c 为高锰酸钾标准溶液浓度（mol/L）；系数 0.02 为与 1.00mL 高锰酸钾溶液 [C（1/5 $KMnO_4$）=1.00mol/L] 相当的，以克表示的钙的质量。

2. 重复性　每个试样应取两个平行样进行测定，以其算术平均值为分析结果。含钙量在 5%以上，允许相对偏差 3%；含钙量在 1%～5%时，允许相对偏差 5%；含钙量在 1%以下，允许相对偏差 10%。

五、注意事项

（1）高锰酸钾溶液浓度不稳定，至少每月需要标定 1 次。

（2）每种滤纸空白值不同，消耗高锰酸钾标准溶液的用量不同，至少每盒滤纸做一次空白测定。

（3）洗涤草酸钙沉淀时，必须沿滤纸边缘向下洗，使沉淀集中于滤纸中心，以免损失。每次洗涤过滤时，都必须等上次洗涤液完全滤净后再加，每次洗涤不得超过漏斗体积的 2/3。

六、思考题

（1）样品溶液中为何需先加氢氧化铵，后加盐酸？

（2）为什么需用氢氧化铵液冲洗草酸钙沉淀，直到剩余的草酸铵被洗净为止？

第七节　饲料中磷的测定

饲料中磷的测定可以采用两种方法，这两种方法均是应用比色法测定饲料中总磷的含量，其中包括动物难于吸收的植酸磷。畜体、畜产品、粪、尿中磷的测定均可采用该方法。

第 一 种 方 法

一、原理

在钙测定法中样品经灰化法或消化法后，样品中磷在酸性溶液中（加盐酸或硝酸），与钼酸铵结合成为钼酸磷铵。反应式如下：

$$H_3PO_4+12\ (NH_4)_2MoO_4+21HNO_3 \longrightarrow (NH_4)_3PO_4\cdot 12MoO_3\downarrow+21NH_4NO_3+12H_2O$$

钼酸磷铵为黄色结晶沉淀，遇还原剂则变成蓝色物质，称之为“钼蓝”。钼蓝系 MoO_2 与 MoO_3 的混合物，化学反应如下：

$$(NH_4)_3PO_4\cdot 12MoO_3 \xrightarrow{+还原剂} (MoO_2\cdot 4MoO_3)_2\cdot H_3PO_4\cdot 4H_2O$$

$(MoO_2\cdot 4MoO_3)_2\cdot H_3PO_4\cdot 4H_2O$ 是钼蓝大致成分，根据所产“钼蓝”蓝色的深浅，应用比色计，即可计算样品中的含磷量。

二、仪器、试剂及需要量

（一）仪器名称及需要量

1. 1 人做 2 次测定所需仪器数量

容量瓶	50mL	4 支
移液管	2mL	2 支
移液管	1mL	2 支

2. 公用仪器数量

量液管	10mL	1支
分光光度计	721型	1架
容量瓶	50mL	13个

（二）试剂名称及需要量

1. 试剂配制

（1）钼酸铵溶液　溶25g化学纯钼酸铵于300mL蒸馏水中。另将75mL浓硫酸徐徐加入100mL蒸馏水内，冷却后稀释为200mL，将此200mL之稀硫酸加入300mL的钼酸铵溶液中即成，贮于棕色试剂瓶中备用。

（2）对苯二酚溶液　溶0.5g化学纯对苯二酚于100mL蒸馏水中，加入1滴浓硫酸（此溶液在每次试验前配制，否则易使钼蓝溶液发生混浊）。

（3）标准磷酸溶液　准确称取干燥的酸性磷酸钾（KH_2PO_4分析试剂）0.043 9g，溶入1 000mL蒸馏水内（在溶液中加入少许氯仿可增长保存时间）。此溶液每毫升相当于10 μg磷。

（4）亚硫酸钠溶液　溶解20g化学纯亚硫酸钠于100mL蒸馏水中。

2. 1人做2次测定所需试剂量

钼酸铵溶液	4mL	
亚硫酸钠溶液	2mL	
对苯二酚溶液	2mL	

3. 公用试剂（做磷标准曲线用）

钼酸铵溶液	26mL	
亚硫酸钠溶液	13mL	
对苯二酚溶液	13mL	

三、操作步骤

（一）标准曲线的制作

（1）取50mL容量瓶13个，分别编上号码0、1、2、3…12，在0号容量瓶中放入蒸馏水少许，在1、2、3…12各容量瓶中依次放入0.5、1、2、3、4…11mL的标准磷酸溶液。

（2）在每个容量瓶中依次加入下列试剂：钼酸铵溶液2mL、亚硫酸钠溶液 1mL、对苯二酚溶液 1mL。

对苯二酚为还原剂，亚硫酸钠系缓冲剂，维持溶液的 pH 在酸性范围。

（3）在各个容量瓶中加水稀释至 50mL，摇匀，静置半小时后，以 0 号筒内之溶液作空白，在分光光度计上比色（波长为 600～700nm）。测定各个容量瓶溶液的光密度。

（4）在方格纸上，以光密度为横轴，以浓度为纵轴，制作标准曲线。

（二）样品中磷的测定

（1）用移液管准确地吸取灰化法或消化法制备的样品溶液 1～2mL 置入 50mL 容量瓶中。

（2）按标准曲线制作法步骤（2）、（3）操作。

（3）另取一容量瓶，加入同量的灰化法或消化法所作试剂的空白溶液，再用蒸馏水加至 50mL，作为比色时的空白。

（4）根据样品溶液所测出的光密度，在标准曲线上查出样品溶液中含磷量。

四、结果计算

1. 标准磷曲线数据示例（应用 721 型分光光度计）　标准磷曲线数据见表 5-3。

表 5-3　标准磷曲线数据示例

瓶号	0	1	2	3	4	5	6	7	8	9	10	11	12
标准液取量（mL）	0	0.5	1	2	3	4	5	6	7	8	9	10	11
稀释容量（mL）	20	20	20	20	20	20	20	20	20	20	20	20	20
每 20mL 含磷量（μg）	0	5	10	20	30	40	50	60	70	80	90	100	110
光密度	0	0.025	0.05	0.1	0.15	0.20	0.25	0.30	0.35	0.40	0.45	0.51	0.6

2. 样品测定结果计算

$$样本中磷含量=\frac{a}{W}\times\frac{V_1}{V_2}\times\frac{100\%}{1\ 000}\times\frac{I}{1\ 000}$$

式中：W 为试样质量（即样品在灰化或消化中取量）（g）；V_1 为样品灰化液或消化液定容体积（mL）；V_2 为测定磷时样品溶液移取用量（mL），I 为光密度读数；a 为 I（光密度读数）在标准曲线上查出含磷量（μg）。

五、思考题

（1）测磷时形成“钼蓝”的溶液需静置半小时后再比色，为什么？

（2）经用灰化法或消化法制备的样品液如果浑浊，是否会影响磷的比色结果？

第二种方法

一、原理

样品中磷的含量可根据样品经灰化法或消化法所得溶液中磷的浓度与钼酸铵和偏钒酸铵混合试剂形成黄色的磷-钒-钼酸复合体［注释（1）和注释（2）］，应用分光光度计测定其色泽未确定。其中化学反应如下：

$$H_3PO_4+16(NH_4)_3MoO_4+HNO_3+NH_4VO_3\rightarrow$$

$$(NH_4)_3PO_4\cdot NH_4VO_3\cdot 16MoO_3+NH_4NO_3+44NH_3\uparrow+16H_2O+8H_2\uparrow$$

$(NH_4)_3PO_4\cdot NH_4VO_3\cdot 16MoO_3$ 为磷-钒-钼酸复合体，呈黄色。

二、仪器、试剂及需要量

（一）仪器名称及需要量

1. 1 人做 2 次测定所需仪器数量

容量瓶	50、100mL	各 2 个
移液管	5mL	4 支
移液管	10mL	4 支

2. 公用仪器数量

容量瓶	1 000mL	2 个
容量瓶	50mL	12 个
移液管	10mL	2 支
分光光度计		1 架

（二）试剂名称及需要量

1. 试剂及配制

（1）盐酸溶液　1∶1 水溶液（V∶V）。

（2）硝酸。

（3）高氯酸。

（4）钒钼酸铵显色剂　称取偏钒酸铵 1.25g，加水 200mL 加热溶解，冷却后再加入 250mL 硝酸；另称取钼酸铵 25g，加水 400mL 加热溶解，在冷却条件下将此溶液倒入上溶液，且用水定容至 1 000mL，避光保存。如生成沉淀则不能继续使用。

（5）标准磷酸溶液　将磷酸二氢钾在 105℃干燥 1h，在干燥器中冷却后称 0.219 5g，溶解于水中，定量转入 1 000mL 容量瓶中，加硝酸 3mL，用蒸馏水稀释到刻度，摇匀，即成 50 μg/mL 的磷标准溶液。

2. 1 人做 2 次测定所需试剂数量　20mLHCl、20mL 钒钼酸铵显色试剂。

3. 公用试剂（做磷标准曲线用）　30mLHCl、30mL 钒钼酸铵显色试剂。

三、操作步骤

1. 试样的分解

（1）干法｛不适用于含磷酸氢钙［Ca（H_2PO_4）$_2$］的饲料｝　称取试样 2～5g（精确至 0.000 2g）于坩埚中，在电炉上低温炭化至无烟为止，再将其放入高温炉于（550±20）℃下灼烧 3h（或测灰分后继续进行），取出冷却，在坩埚中加入 1∶1 盐酸溶液 10mL 和浓硝酸数滴，小心煮沸约 10min。将此溶液转入 100mL 容量瓶中，并用热蒸馏水洗涤坩埚及漏斗中滤纸，冷却至室温后，定容，摇匀，为试样分解液。

（2）湿法　称取试样 0.5～5g（精确至 0.000 2g）于凯氏烧瓶中，加入硝酸 30mL，小心煮沸，至二氧化氮黄烟逸尽，冷却后加入 70%～72%高氯酸 10mL，继续加热煮沸至溶液无色，不得蒸干（危险!）。冷却后加蒸馏水 50mL，并煮沸驱逐二氧化氮，冷却后转入 100mL 容量瓶中，用蒸馏水定容至刻度，摇匀，为试样分解液。

（3）盐酸溶解法（适用于微量元素预混料）　称取试样 0.2～1g（精确至 0.000 2g）于 100mL 烧杯中，缓缓加入盐酸溶液 10mL，使其全部溶解，冷却后转入 100mL 容量瓶中，用蒸馏水定容至刻度，摇匀，为试样分解液。

2. 标准曲线制作　准确移取磷标准溶液（50 μg/mL）0、1.0、2.0、5.0、10.0 和 15.0mL 于 50mL 容量瓶中，各加入钒钼酸铵显色试剂 10mL，用蒸馏水稀释至刻度，摇匀，常温下放置 10min 以上。以 0mL 溶液为参比，用 10mm 比色皿，在 400nm 波长下，用分光光度计测定各溶液的吸光度。以磷含量为横坐标，吸光度为纵坐标绘制标准曲线。

3. 试样中磷的测定　用移液管准确移取试样分解液 1～10mL（含磷量

50～750 μg)，放入50mL容量瓶中，加入钒钼酸铵显色试剂10mL，用蒸馏水稀释至刻度，摇匀，常温下放置10min以上。另取样品溶液1～10mL放入50mL容量瓶中，用蒸馏水稀释刻度，作为空白。以空白为参比，用10mm比色皿，在400nm波长下，用分光光度计测定试样分解液的吸光度。在标准曲线上查得试样分解液的含磷量。

四、结果计算

1. 计算公式

$$X\ (\%) = \frac{m_1 \times V}{m \times V_0 \times 10^6} \times 100\%$$

式中：X 为以质量分数表示的磷含量（%）；m 为试样的质量（g）；m_1 为由标准曲线查得试样分解液磷含量（μg）；V 为试样分解液的总体积（mL）；V_0 为试样测定时所移取试样分解液的体积（mL）。

2. 重复性　每个试样称取两个平行样进行测定，以其算术平均值为结果，所得到的结果应表示至小数点后两位。含磷量在0.5%以上（含0.5%），允许相对偏差3%；含磷量在0.5%以下，允许相对偏差10%。

五、注意事项

（1）比色时，待测液磷含量不宜过高，最好控制在1mL含磷0.5mg以下。

（2）显色时温度不能低于15℃，否则显色缓慢；待测液在加入试液后应静置10 min，再进行比色，但不能静置过久。

六、注释

（1）应用此法测定磷量，一般适用于磷浓度范围较宽，且特别适宜于样品溶液中含有高铁离子和硅盐离子，因该两种离子经常在钼蓝比色法中发生干扰。

（2）磷-钒-钼复合体的结构尚不明确，它的推测化学式为 $(NH_4)_3PO_4 \cdot NH_4VO_3 \cdot 16MoO_3$；磷一钒一钼酸复合体的颜色较钼蓝复合体颜色更稳定。

七、思考题

（1）采用磷-钒-钼酸铵法测定样品中含磷量，在操作步骤中较钼蓝法有何优越性？

（2）经用灰化法或消化法制备的样品液如果浑浊，是否会影响磷的比色结果？

附二　饲料中植酸磷的测定（TCA 法）

一、测定原理

用 30g/L 三氯乙酸作浸提液提取植酸盐，然后加入铁盐使植酸盐生成植酸铁沉淀，用氢氧化钠转化为可溶性植酸钠和棕色氢氧化铁沉淀，再将可溶性植酸钠经硝酸、高氯酸混合酸消化后，用钼黄法直接测出植酸磷含量。

二、仪器、试剂及需要量

（一）仪器名称及需要量

1. 1 人做 2 次测定所需仪器数量

容量瓶	50、100mL	各 2 个
移液管	5、10、50mL	各 4 支
离心管	50mL	2 个
凯氏烧瓶	100mL	2 个
具塞三角瓶	200mL	2 个

2. 公用仪器数量

容量瓶	1 000mL	2 个
容量瓶	100mL	4 个
容量瓶	50mL	18 个
移液管	10mL	2 支
分光光度计	10mm 比色皿，可在 420nm 下测定吸光度	1 架
卧式振荡机		1 台
分析天平		1 架
离心机		1 台

（二）试剂名称及需要量

（1）三氯乙酸溶液（30g/L）　称取 3g 三氯乙酸（分析纯），加水溶解至 100mL，混匀。

（2）三氯化铁溶液（1mL 相当于 2mg 铁）　称取三氯化铁（$FeCl_3 \cdot 6H_2O$）0.97g，用 30g/L 的三氯乙酸溶液溶解至 100mL，混匀。

（3）1.5mol/L 氢氧化钠溶液　称取氢氧化钠（分析纯）60g，加水溶解至 1 000mL，混匀。

（4）浓硝酸（分析纯）　相对密度 1.4，煮沸除去游离二氧化氮（NO_2），使其成为无色。

（5）硝酸溶液　1∶1（V∶V）、硝酸溶液 1∶3（V∶V）。均用上述浓硝酸配制。

（6）混合酸　硝酸∶高氯酸＝2∶1（V∶V），按比例配制。

（7）显色剂

①100g/L 钼酸铵溶液　称取分析纯钼酸铵 10g，加入少量水，加热至50～60℃，使之溶解冷却，再用水稀释至 100mL，混匀。

②3g/L 偏钒酸铵溶液　称取分析纯偏钒酸铵 0.3g，溶于 50mL 水中，再加 1∶3（V∶V）硝酸溶液 50mL 溶解，混匀。

用时将溶液①徐徐倒入溶液②中，应边加边搅拌，然后再加入已除尽二氧化氮的浓硝酸 18mL，混匀。

（8）标准磷溶液（1mL 相当于 100 μg 磷）　精确称取 105～110℃烘干1～2h 的优级纯磷酸二氢钾（KH_2PO_4）0.434 9g，用水溶解后移入 1 000mL 容量瓶中，并用水稀释至刻度，摇匀。

三、测定方法

1. 磷标准曲线的绘制　准确吸取 1mL 相当于 100μg 磷的标准溶液 0、0.5、1.0、2.0、3.0、4.0、5.0、6.0、7.0mL 于 50mL 容量瓶中，用水稀释至 70mL 左右，各加入 1∶1 硝酸溶液（V∶V）4mL，显色剂 10mL，再用水稀释至刻度，混匀。此时系列浓度为每 50mL 中分别含磷的毫克数为 0、0.05、0.1、0.2、0.3、0.4、0.5、0.6、0.7mg，静置 20min，用分光光度计在波长 420nm 处，用 10mm 比色皿，测定其吸光度。最后，以所加标准磷溶液的含磷量为横坐标，用相应的吸光度为纵坐标，绘制出磷的标准曲线。

2. 试样的测定

（1）称取饲料样品 3～6g（含植酸磷在 5～30mg 范围内）于干燥的 200mL 具塞三角瓶中，准确加入 30g/L 三氯乙酸溶液 50mL，机械振荡浸提30min，离心（或用漏斗、干滤纸、干烧杯进行过滤）。准确吸取上层清液10mL于50mL离心管中，迅速加入（1mL相当于2mg Fe^{3+}）三氯化铁溶液4mL，置于沸水浴加热45min，冷却后离心10min，除去上层清液。加入30g/L三氯乙酸溶液20～25mL，进行洗涤（沉淀必须搅散），水浴加热煮沸10min，冷却后离心10min，除去上层清液。如此重复2次，再用水洗涤1次，洗涤后的沉淀加入3～5mL水及1.5mol/L氢氧化钠溶液3mL，摇匀，用水稀释至30mL左右，置沸水中煮沸30min，趁热用中速滤纸过滤，滤液用100mL容量瓶盛接，再用热水60～70mL，分数次洗涤沉淀。

（2）滤液经冷却至室温后，稀释至刻度，为试样分解液。准确移取5～10mL试样分解液（含植酸磷0.1～0.4mg）于100mL凯氏烧瓶中，加硝酸和高氯酸混合酸3mL，于电炉上低温消化至冒白烟，使余0.5mL左右溶液为止（切忌蒸干）。冷却后用30mL水，分数次洗入50mL容量瓶中，加入1∶1硝酸溶液（V∶V）3mL，显色剂10mL，用水稀释至刻度，混匀，静置20min后，用分光光度计在波长420nm处测定吸光值。查对磷标准曲线，计算植酸磷的含量。

四、结果计算

测定结果按下式计算：

$$X(\%)=\frac{m_1\times V}{m\times V_0\times 10^6}\times 100\%$$

式中：X为以质量分数表示的磷含量（%）；m为试样的质量（g）；m_1为由标准曲线查得试样分解液磷含量（μg）；V为试样分解液的总体积（mL）；V_0为试样测定时所移取试样分解液的体积（mL）。

五、注意事项

（1）试样粉碎粒度要小于40目。粒度太粗造成试样浸提不完全，使分析结果波动太大，重现性差。

（2）在离心法洗涤植酸铁沉淀过程中，注意不要损失铁沉淀物。

（3）显色时的硝酸浓度要求在5%～8%（V∶V）。

（4）显色时温度不能低于15℃，否则显色缓慢。

第八节　饲料中无氮浸出物（NFE）的计算

一、原理

饲料中无氮浸出物包括多糖、双糖及单糖等。由于无氮浸出物的成分比较复杂，一般不进行分析，仅根据饲料中其他营养成分的结果计算而得。饲料中各种营养成分都包括在干物质中，因此饲料中无氮浸出物含量可按下列公式计算：

样品中无氮浸出物含量（%）＝干物质（%）－[粗蛋白质（%）＋粗脂肪（%）＋粗纤维（%）＋粗灰分（%）]

粪中无氮浸出物的计算也用此方法。

二、计算

（1）根据风干或半干样品中各种营养成分的分析结果，计算风干或半干样品中无氮浸出物的含量。

（2）如果分析的样品是新鲜饲料，须将测得半干样品中各种营养成分含量的结果换算成新鲜饲料中各种营养成分的含量。换算方式如下：

半干样品中干物质含量＝80%

半干样品中粗蛋白质含量＝12%

鲜样中干物质含量＝30%

鲜样中粗蛋白质含量＝半干样品中粗蛋白质（%）×鲜样中干物质（%）/半干样品中干物质（%）＝12%×30%/80%＝4.5%

新鲜样品中干物质、粗蛋白质、粗脂肪、粗纤维和粗灰分的百分数均换算完毕后，才可计算新鲜样品中的无氮浸出物的含量。

三、思考题

（1）计算无氮浸出物含量时，为什么饲料中钙和磷的含量不计算在内？

（2）无氮浸出物中包括哪些成分？

附三　饲料中胡萝卜素含量的测定

一、原理

胡萝卜素族中各种色素与吸着剂有着不同的亲和性，利用亲和性的不同，可将胡萝卜素（具有生理价值的）与胡萝卜素族中其他色素如叶绿素、叶黄素、番茄红素、玉米黄素等分离。当胡萝卜素族提取液通过氧化镁吸着剂柱时，各种色素因分子大小不同而分离，分子大的色素滞留在上层；分子小的如胡萝卜素移动到下层。于是各种色素在吸着剂柱上形成一条条清晰的彩色层带。当用溶剂冲洗吸着剂柱，最下层的胡萝卜素首先被冲洗出，并被收集，然后在比色计中测定其浓度；再根据胡萝卜素标准曲线，计算饲料中胡萝卜素含量。

二、仪器、试剂及需要量

（一）仪器名称及需要量

1. 1 人做 2 次测定所需仪器数量

分液漏斗	250mL	4 个
抽气管	16cm×2.5cm	2 个
层离管	上端漏斗部分容量约 50mL，中部长约 18cm，内径 0.5～0.6cm	2 支
试管	1.5cm×15cm	1 支
塞棒	用软木塞 1 个，上装长柄。软木塞直径应比层离管中部内径小 0.1～0.2cm，使之能在其中自由上下移动，压平吸附剂	1 支
小玻棒	长 6m	1 支
量筒	带盖，50mL	2 个
玻璃研钵	容量 100mL，附研棒	2 个
三角瓶	500mL	2 个

2. 公用仪器数量

抽气机	1 架
蒸锅	1 个
分光光度计	1 架

（二）药品名称及需要量

1. 试剂准备

（1）活塞滑剂（分液漏斗用） 22g 甘油加 9g 可溶性淀粉，加热至 140℃后放置 1.5h，倒出上层清液，静置隔夜即可用。

（2）玻璃粉 将碎玻璃于铁磨中磨细，通过 20 号网筛。用浓盐酸浸泡玻璃粉，溶解粉中铁质。再用氢氧化钠浸泡并用清水冲洗，直到玻璃粉呈中性。最后将玻璃粉放烘箱烤干。

（3）吸附剂（氧化镁）　氧化镁适宜于胡萝卜素测定，能将胡萝卜素与叶黄素、番茄红素、叶绿素等分开。用过的氧化镁可回收处理后再用，处理方法如下：抽干层离管中氧化镁的溶剂，然后将管放入烘箱中烘干。烘时打开烘箱门使溶剂气体逸出。烘干后，将管中上层硫酸钠倒入一个瓶内，将下层氧化镁倒入另一个瓶中。氧化镁通过80号细筛，并在800～900℃茂福炉中烧3h，即可恢复其吸附力。将纯胡萝卜素液通过吸附剂氧化镁，根据胡萝卜素的收回率，检查氧化镁吸附力的强弱。

（4）石油醚　测定新鲜饲料可用沸点40～70℃的石油醚，测定干饲料可用沸点80～100℃的石油醚。

（5）丙酮　化学纯。

2. 1人做2次测定所需试剂量

玻璃粉	2g
活塞滑剂	1g
氧化镁	6g
石油醚	120mL
硫酸钠（无水）	4g
丙酮	80mL

三、操作步骤（本试验在暗室中进行）

（一）提取

1. 新鲜饲料

（1）将新鲜饲料洗净，吹干后，用刀切碎成小块。混合后，称取样品1～2g（估计样品中含有50～100 μg胡萝卜素）。

（2）随即用蒸汽处理2～5min，破坏饲料中的氧化酶。

（3）将饲料全部移入玻璃研钵中，立即加入1小勺玻璃粉及5mL 1∶1石油醚丙酮提取液。用玻璃研棒研碎饲料。

（4）静置片刻，将上部清液倒入1个盛有100mL蒸馏水的分液漏斗中。

（5）剩下的残渣中再加入5～8mL 1∶1石油醚丙酮混合液，用锤研磨，待混合液澄清后，倒入同一个分液漏斗内。

（6）重复步骤（5）。如样品中胡萝卜素量高，可用石油醚丙酮混合液再提1～2次，继续用纯丙酮提取一次，最后用混合液提取，直至提取液无色为止。

测验样品中胡萝卜素是否提净，可将提取液数滴倒入盛有数毫升水的试管中，摇动后，观察上部石油醚层的颜色。如石油醚呈无色，则已提净；若呈黄色，则仍需继续提取。

（7）提取完毕后，摇动分液漏斗2min（偶尔将漏斗塞开启，以减少漏斗内压力），而后静置之。等待水与石油醚层分开，小心地放出水液层入另一个250mL分液漏斗中。漏斗中加水洗涤的目的是为了溶解提取液中的丙酮。若石油醚中混有丙酮，则层离时色层不清。

（8）用蒸馏水重复洗净石油醚液，将水液层集中在盛水的分液漏斗中。

（9）在盛水的分液漏斗中加入5mL石油醚液，振摇之。静置后，将水放入1个三角瓶中，将石油醚液并入样品石油醚分液漏斗中。

2. 干饲料

（1）将干饲料磨碎，通过40号网筛。

（2）称干样品0.5～4g（一般为1g），放入三角瓶内，加入20mL 3∶7丙酮和80～100℃沸点石油醚混合液，在电热板上回流1h。回流速度应调节至每分钟冷凝管滴下石油醚1～3滴；或者在三角瓶口加上塞子，将三角瓶放置在室内昏暗处过夜（至少15h）。

（3）将三角瓶内混合提取液倒入一盛有100mL水的分液漏斗中。

（4）将残渣连续提取数次，每次用5～8mL石油醚，提洗液并入前一分液漏斗中，洗至提取液无色为止。

（5）以下步骤按新鲜饲料（7）、（8）、（9）进行。

3. 动物性饲料及其他含脂肪多的饲料

（1）皂化　称取样品1～4g（含胡萝卜素50～100 μg），放入三角瓶内，加入30mL乙醇和5mL氢氧化钾，装置回流管，在电热板上回流30min至皂化完成。

（2）提取　①用蒸馏水10mL冲洗回流冷凝管，洗液接入皂化瓶内。②冷却至室温，加入30mL水一并倾入分液漏斗中，用50mL乙醚分三次冲洗皂化瓶，洗液倾入分液漏斗中。③轻摇分液漏斗然后静置，使上下两层分开。如摇振过猛或其中醇与醚的比例不合适，则会产生乳浊液；此时，加入几毫升乙醇即可打破此乳浊液；如仍不奏效，则可加入少量水。④放出水液至第二个分液漏斗内，重复水洗至洗出液不呈碱性为止（用酚酞指示剂检查）。⑤静置，尽可能分离水分，提取液用无水硫酸钠和滤纸滤过入一个三角瓶中。⑥用 25mL 乙醚洗分液漏斗、无水硫酸钠及滤纸两次，均洗入三角瓶中。⑦加入高沸点石油醚 5mL 入三角瓶，接上冷凝管在水浴上加热，收回乙醚，除去残存乙醚后，加入 60～70℃的石油醚 20mL。

（二）层离

1. 层离管（即吸附柱）的制备

（1）装入少许棉花于层离管尖端。棉花压紧后，装入氧化镁。装时将层离管接在抽气管上抽气，以有柄木塞压紧氧化镁。如仍需填加氧化镁时，则应将层离管内的氧化镁表面层用骨匙拨松后再加，以免前后加入的氧化镁不能很好连接。管内氧化镁装至约 8cm 高，最后将氧化镁表层压平。

（2）再在层离管中加入无水硫酸钠约 1cm 高。加入无水硫酸钠的目的是为了防止氧化镁在层离过程中被搅动，同时无水硫酸钠可吸收提取液中的微量水分。

（3）取 10mL 石油醚放入层离管内，使氧化镁湿透，并赶走其中的空气。抽气管中可放一试管以接收上面流下的液体。

2. 分层及洗脱

（1）当层离管内硫酸钠上面尚留有少许石油醚时，将石油醚提取液自分液漏斗中倒入层离管，并立即抽气。

（2）用 5mL 石油醚冲洗分液漏斗。待提取液几乎全部进入硫酸钠层时，即将分液漏斗中石油醚洗液加入层离管。首先通过层离管流下的液体呈无色，因色素已被氧化镁吸附。此无色液仍可倒入层离管作冲洗液用。

（3）连续用洗脱剂冲洗层离管，胡萝卜素随洗脱剂洗下，洗脱剂即呈黄色，将黄色液接收在试管中，当试管中液体积满时，将液体倒入有盖量筒内（洗脱剂由石油醚和丙酮混合，配合比例决定于冲洗层离管所需速度与色层的清晰程度。丙酮占石油醚的百分数为 0～10%，一般为 3%。丙酮百分数愈多，冲洗速度愈快。当层离管中胡萝卜素层带和其他色素如叶绿素、番茄红素等层带分离不清时，则宜用丙酮百分含量较低的冲洗液，使胡萝卜素层与其他色素层慢慢分开）。

（4）继续冲洗至冲洗液由黄色变无色为止。

(5) 集中全部黄色液于一个容量瓶中，并加石油醚使冲洗液至一定容量。

(三) 应用分光光度计进行比色

1. 样品液中胡萝卜素浓度测定

(1) 在分光光度计光波长440nm处测定样品洗出液颜色的浓度。以石油醚作空白，在分光光度计上读出样品液的光密度。

(2) 以比色所得读数在胡萝卜素标准曲线上查出每1mL所含胡萝卜素的量。然后根据取样情况计算每100mg样品所含胡萝卜素量。

2. 胡萝卜素标准曲线的制备

(1) 精确称β-胡萝卜素结晶体或90% β-胡萝卜素和10% α-胡萝卜素混合体40～60mg，加几毫升氯仿溶解，再用石油醚稀释至100mL（此液临用时配制，因其在2～3d内就会破坏）。

(2) 用上述标准液配制不同浓度的标准液（0.2、0.4、0.8、1.2、1.6、2.0、2.4 μg/mL）于分光光度计上440nm波长处测定其光密度。

(3) 以标准液的不同浓度及比色所得光密度读数在方格纸上画出曲线，此曲线应为一直线，即浓度与光密度成正比。

四、结果计算

计算公式：

$$\text{每百克样本中胡萝卜含量（mg）}=\frac{a\times V}{W}\times\frac{100}{1\ 000}$$

式中：W 为样品重（g）；V 为比色时样品稀释容量（mL）；a 为胡萝卜素标准曲线查得每1mL样品稀释液所含胡萝卜素微克数。

五、思考题

(1) 为什么测定饲料中胡萝卜素必须在暗室内进行？

(2) 柱层析法的原理是什么？

第三部分
饲料营养价值评定

第六章 CHAPTER 6

畜禽饲养试验

饲养试验是家畜饲养研究中最常用、最根本的一种试验方法，是评定饲料营养价值、探讨家畜对营养素的需要量、比较饲养方式的优劣、鉴定家畜生产性能最可靠的方法，也是畜牧和饲料生产及科研部门一般技术人员都应掌握的技能。饲养试验是接近于生产条件的一种科学研究方法，因而，试验结果也便于在生产中推广应用。目前，国外用于评定饲料营养价值的饲养试验所用家畜数，都超过 200 头以上，且有多次重复，总数常超过 1 000 头次以上。用这样大群的家畜所作的试验结果，数据可靠，经得起生产实践考验。具体到每个试验又趋于细致，试验家畜品种一致性强、血缘来源清楚、公母分开、小圈重复，甚至个体饲喂等。因此，试验结果的科学性强，可在生产中可靠应用。例如，饲料中添加某些微量抗生素，用颗粒饲料代替传统的粉料或湿拌料等措施，都是比较肯定的。又如，妊娠期贮备过多的养分，而留待泌乳期转变为猪乳的这种两次转换措施的低效率，都是经过多次长期试验总结出来的结果。

第一节　饲养试验的种类

一、按试验内容分类

在统计学上常按试验处理内容（因子）的多少，将试验分为 2 大类。

（一）单因子试验

在一次试验中只研究一个试验因子的若干处理对试验结果的影响，称为单因子试验。单因子试验设计比较简单，目的明确，所得结果明了、易于分析。例如，研究不同饲料配方饲养效果、某一种饲料的适宜搭配比例、某一种饲料添加剂的使用量等内容的探讨均属单因子试验。

（二）复因子试验

在一次试验中，同时研究两个或两个以上因子在不同水平条件下对试验结果的影响，称为复因子试验。复因子试验的结果不仅能比较各因子的单独效应，而且还能进一步分析出各处理间的相互作用，使试验较全面地、完整地反映出事物的规律。例如，在一个试验中同时研究不同体重阶段猪的能量、粗蛋白及赖氨酸的需要量，则属于三因子饲养试验。

二、按试验规模分类

（一）小型饲养试验

小型饲养试验（简称小试）大多是通过一些有代表性的试畜，在一定试验条件下进行的带有探索性的研究工作。小型饲养试验每组试畜头数较少（一般在30头以下），试验条件易控制，除试验因子外，其他条件均一致，因此试验结果较准确。但小型饲养试验得出的结论局限性较大，为了说明结果的重演性和普遍性，还必须通过中间饲养试验。

小型饲养试验可以直接用试畜做，也可以用试畜的指示动物来做。例如，大白鼠可以作为猪的指示动物，奶山羊可作为奶牛的指示动物。小型饲养试验往往需要配合其他动物试验手段（如消化代谢试验、屠宰试验、生化试验等），达到相互验证、补充，从而进一步探讨结果产生的原因。

（二）中间饲养试验

中间饲养试验（简称中试）组别比小型饲养试验少（一般不超过三组），但试畜头数要多（一般试畜头数是小型饲养试验的10倍以上）。中试是在小试基础上进行的，一般是验证小试中得出的具有规律性（带有肯定性）的结果。中间试验条件可以比小试要求宽松一些。

（三）生产推广试验

生产推广试验的试验规模及试畜头数比中试更大，试验条件更接近生产实际。可以在不同试畜场，不同饲养条件下进行多点试验。生产推广试验可以不单设对照组，可以与同场同期的其他畜禽生产性能相比较，也可以与同场上一年度生产效果进行比较。

第二节　饲养试验的要求

一、饲养试验的一般要求

为使试验正确地反映客观存在，在进行试验时必须符合以下几点要求。

（一）试验的代表性

试验的代表性是指试验条件（试畜品种、饲料条件及环境条件等）应能代表将来准备采用这种试验结果的地方之自然条件及生产条件。这对于今后试验成果的推广有重要意义。试验的代表性从某种意义讲，体现了试验结果的实用性。

但也应当指出，进行试验时，既要代表目前的条件，还应看到将来可能发展变化了的条件，使试验结果既能符合当前的需要，又不落后于生产发展的需求。

（二）试验的正确性

正确性包括两个方面，即试验的准确性和精确性。准确性是指试验的结果是否接近于真实值（客观真实情况）。精确性则是指试验的误差要尽可能小，使处理间的差异能精确地表现出来。只有正确地反映实际试验结果，才能起到促进生产的作用。

（三）试验的重演性

重演性是指在一定条件下进行相同试验时，能获得类似的结果。我们要求饲养试验有一定的规模（重复试验批次和试畜头数要求），均是检验其结果的重演性和检验其成果推广的范围和所需要条件。

（四）试验的统计处理

通常的饲养试验都是通过比较，获得结果的对比法。设处理组和对照组，比较生产性能的差异，以判断其结果。但是，畜禽的变异性很大，即使同品种、条件比较一致的畜禽，分成两组，在同样条件下饲养，所表现的生产性能也会有差异。这种差异在小群分组的畜禽中出现多些，而大群分组的畜禽就少些。所以，对饲养试验中出现的这些差异，必须经过生物统计处理，分析判断其变异的来源是试验处理，还是试验误差——即运用生物统计方法来判断试验结果的可能及可信程度。因此，在进行饲养试验以前，就要充分考虑生物统计对试验设计的要求，这样可以根据试验目的、试畜情况以及试验圈舍的条件，制定适宜可行的试验设计方案。

二、饲养试验基本程序

科学试验是一项创造性劳动，不确定因素很多，必须按照符合科研规律的程序进行，以防问题不清，准备不足，造成试验的重复和差错出现。遵照一定科学试验程序，不仅是做好试验工作必须遵循的方法和步骤，也是科学管理的重要内容。

1. 调查研究 正式试验之前，要通过查文献进行调查研究，明确试验的重点和突破点。

2. 试验的准备工作

（1）制定试验方案 制定详细、具体的试验方案；方案确定下来，中途一般不要改动。方案主要包括研究内容，预期达到的试验目的、研究途径、方法步骤、试验材料的选择、试验设计、测定指标等。

（2）准备试验经费，确定使用方法。

（3）组织试验人员明确分工。

（4）准备试验器材。

（5）准备试验有关表格。

只有做好一切准备工作，才能进入正式试验期。

3. 正式试验期 准备工作做好，下面就按照试验计划及方案的要求，按部就班，分工协作，进入正式试验期。

4. 试验报告撰写 试验结束后，要及时对试验数据进行整理，通过分析写成试验报告。

第七章 | CHAPTER 7

试验设计方法

试验设计是动物饲养试验的重要工具，也是决定饲养试验成败的重要环节。一项试验工作，如果设计得当，就可以用较少的人力、物力和时间，最大限度地获得丰富而可靠的资料；如果没有合理的设计方案，就无法对试验结果进行正确的统计分析，便不能得到令人信服的、可靠的结论。因此，正确掌握试验设计方法，对有效地开展科学研究工作具有重要意义。

饲养试验设计，包括以下一些内容：

（1）研究题目。

（2）前言　讨论题目研究的内容，对前人研究所获得的结果、存在问题等作简要的综述和讨论，并阐明本次试验所希望达到的目的。

（3）研究方法　包括试验设计方案、试验日粮的组成及营养水平；圈舍大小、设备条件；预饲期长短、饲养管理方法，如称重、饲料消耗的记录、采食方法等。

（4）预期结果　试畜要求尽量一致，按品种、血缘、性别、日龄、体重来考虑。分配到各处理组时要随机化，以消除人为的偏移。实验畜舍要求大小、方向、设施等均一致。畜舍的大小也是设计中每组头数多少的依据。

第一节　单因子试验设计

一次试验只研究一个试验因子的作用，比较其各水平的异同，称为单因子试验，其设计方法称为一元配置法。常用的单因子试验设计有完全随机设计、配对设计、随机区组设计和拉丁方设计等。

一、完全随机设计

当我们对试畜的来源不清楚，不知道哪些因素会影响试验结果时，应采取完全随机化的试验设计。这种设计方法，使每个实验动物都有相同的机会进入任何一组去，能使影响试验结果的其他因素在各组的影响基本相同、互相抵消，从而突出不同处理的影响。

完全随机设计，主要是随机分组的问题。常用的随机方法有抽签、抓阄、摸牌及掷骰子等，而最好的方法是使用随机数字表，随机数字表上的数字都是按随机抽样的原理编制的，表中任何一个数字出现在任何一个地方都是完全随机的。

完全随机的优点是设计简单，处理数的多少不受限制，适于供试动物差异较小或谱系不明时使用；缺点是试验误差较大，精确性较低。

随机化的试验又分为配对与不配对的随机化分组试验。

（一）不配对分组试验

例如，在畜牧场中，选体重在10kg左右的断奶、去势及驱虫、防疫注射过的小公猪40头，进行饲喂土霉素（每千克饲料含20mg土霉素）对猪增重、促进生长的试验研究，对照组不给土霉素。试验前，空腹12h后进行个体称重，并打耳号，按要求进行记录，按体重顺序编为1～40号。从随机数字表中选任意一数字，开始连续选出40个两位的数字，分别代表1～40号猪，抽签，将其单数或双数代表对照或处理。分组中出现两组猪数不等时，再将数量多的组的猪，同样以随机方法选出，改变组别的猪只。

分组后，预饲15～30d，观察猪只生长及健康情况；必要时，可调整或淘汰。对于预饲期间的个体增重，用不成对的t测验方法测定两组猪增重的差异，如差异不显著，试验即可开始正式进行。在试验开始或结束时，应连续两天，在早晨空腹时进行称重，以检测两天称重情况，如发现有特异情况，应再进行复查。

分组也可以分为三组或四组，统计处理时用一次分类的变量分析进行F检验。

（二）配对的分组试验

选各方面条件相同的试验家畜，双双搭配成对，同一对内的两头试畜在品种、来源、性别、年龄、体重等方面要求尽量一致。随机分组时，可将每对分别分配到对照组和处理组。理想的配对是同窝、同性别、同体重的个体。总之，同一对动物之间的差异一定要尽量小，不同对之间允许有差异。不能满足配对条件时，不要勉强配对，可选用不配对随机化试验设计。试验的结果或预饲期间增重的结果，可用成对的t检验进行分析。

配对实验动物，不限于两个情况基本相同的个体配成一对，也可用一个实验动物前后2次施以不同处理，成为配对资料，这是更好的配对试验设计。但试验时要注意前后两次处理间互不干扰，也不受前后时间的影响。

配对设计的优点是误差比较小，精确度高，分析计算也简便。如果发生遗缺，只需把该对去掉即可。缺点是配对动物要求比较严格，在一般情况下不易找到配对的实验动物。但在猪的饲养试验中，不像其他动物那么困难，同窝同性别的仔猪容易得到，故在猪的饲养试验中有条件发挥配对设计的长处。

二、随机区组的试验设计

随机区组的试验设计是发展了的配对分组试验设计，用于两组以上的试验。即在单因子多水平（2 个水平以上）试验中，为了突出处理项目的效果，减少系统随机误差，实行局部控制，提高试验的精确性，将已知的变异来源事先加以控制，常常采取随机区组设计。此设计要求同一区组内的实验动物尽可能一致，不同区组间允许有差异，并要求同一区组内各实验动物随机安排到各处理组。例如，为了比较四种不同饲料配方饲喂效果，可以选胎次、品种、繁殖性能（可以从上胎次繁殖性能判断）相同，产仔在 8 头以上的 5 窝猪，然后从每窝中选出性别相同，体重大小接近的仔猪 8 头，按随机区组设计进行饲养试验。

分组方案确定方法如下：设 4 种饲料配方（即 4 个互为对照的试验组）为 A_1、A_2、A_3和 A_4。窝别为 B_1、B_2、B_3、B_4和 B_5。每窝仔猪按性别各自编号为 B♀$_{11}$、B♀$_{12}$、B♀$_{13}$、B♀$_{14}$、B♂$_{11}$、B♂$_{12}$、B♂$_{13}$、B♂$_{14}$、B♀$_{21}$、B♀$_{22}$、B♀$_{23}$、B♀$_{24}$、B♂$_{21}$、B♂$_{22}$、B♂$_{23}$、B♂$_{24}$……B♂$_{51}$、B♂$_{52}$、B♂$_{53}$、B♂$_{54}$、B♀$_{51}$、B♀$_{52}$、B♀$_{53}$、B♀$_{54}$，可用猪耳号代表每窝仔猪的编号。

首先，将 B_1窝中公猪 4 头随机（可用随机表）分到 A_1、A_2、A_3和 A_4组中，再将 B_1窝中 4 头母猪随机分到 A_1、A_2、A_3和 A_4组，接着把 B_2的 8 头仔猪按性别随机分到 A_1、A_2、A_3和 A_4组中，直到把 B_5的仔猪按性别分到 4 个试验组中。最后 40 头仔猪分配方案见表 7-1。

表 7-1　窝区组试验方案

区组 \ 猪只 \ 处理		试验组 1	试验组 2	试验组 3	试验组 4
B_1	♂	B_{11}	B_{13}	B_{14}	B_{12}
	♀	B_{14}	B_{13}	B_{12}	B_{11}
B_2	♂	B_{21}	B_{24}	B_{22}	B_{23}
	♀	B_{24}	B_{22}	B_{23}	B_{21}

（续）

区组	猪只	试验组 1	试验组 2	试验组 3	试验组 4
B_3	♂	B_{32}	B_{33}	B_{34}	B_{31}
	♀	B_{34}	B_{32}	B_{33}	B_{31}
B_4	♂	B_{43}	B_{41}	B_{44}	B_{42}
	♀	B_{44}	B_{41}	B_{42}	B_{43}
B_5	♂	B_{51}	B_{53}	B_{54}	B_{52}
	♀	B_{52}	B_{53}	B_{51}	B_{54}
合计头数（头）		8（4♂4♀）	8（4♂4♀）	8（4♂4♀）	8（4♂4♀）

当体重大小一致，而且保证一定头数的试验猪难以挑选时，这种区组随机分组（又称为随机窝组）设计可以把体重从小到大分为几个档次，每一个体重档次为一种区组，即以体重代替窝别划分区组。此设计可称随机体重组设计。例如，从 10 窝猪中每窝各选出同性别、体重适中的断乳仔猪 3 头，随机分配到三个组中，以接受不同粗料水平日粮对猪生产性能的影响。这种从一窝中选试畜的方法，分配到各组的猪，在血统、性别和体重方面，都比较一致，称为随机窝组。也有由同品种、同胎次，或是同父系、性别相同、产期接近、体重也差不多的断奶仔猪组成若干个区组，各区组的猪数相同，恰够平均分配到各个试验组中。例如，在某一个猪场的杂种黑猪群中，选取断乳期相近的断乳仔猪 54 头，公母各半，体重范围在 9～12kg；按体重大小，分别公母猪，各组体重大、中、小的三个区组。以 11kg 以上体重的为大猪组，10～11kg 体重的为中猪组，体重在 10kg 以下的为小猪组。每个区组各有猪 9 头。如数量不足时，可作适当调整。然后按随机化原则，将各个区组分配到 3 个处理组中，每组 3 头。这样每个处理组有大、中、小的公母猪各 9 头，共计 18 头。其分配的情况见表 7-2。

表 7-2　随机体重组设计方案

处理 \ 猪只 \ 公母 \ 区组	大猪		大猪		小猪		总数
	♂	♀	♂	♀	♂	♀	
甲	x	x	x	x	x	x	18
	x	x	x	x	x	x	
	x	x	x	x	x	x	

（续）

处理＼猪只＼公母＼区组	大猪		大猪		小猪		总数
	♂	♀	♂	♀	♂	♀	
乙	x	x	x	x	x	x	18
	x	x	x	x	x	x	
	x	x	x	x	x	x	
丙	x	x	x	x	x	x	18
	x	x	x	x	x	x	
	x	x	x	x	x	x	
总数	18		18		18		54

试验期间的增重与饲料效率（F/G），用二次分类的变量分析进行F测验。

随机区组设计是根据局部控制进行的，可以提高试验的精确性（如窝区组设计，可以消除母体效应影响，减少随机误差），并且处理数（试验组）和区组数并严格限制，比较灵活，统计分析比较简便，所以在畜牧饲养试验中应用广泛。但随机区组设计的前提是区组因子与试验因子间没有交互作用。

三、拉丁方设计

拉丁方是以拉丁字母排成正方形而得名。拉丁方设计在纵横两个方向上都应用了局部控制，使横行和直列都成为区组。随机区组设计可以排除一种系统误差，而拉丁方设计则是从直列、横行两个方向同时排除两种系统误差的单因子试验设计。其设计特点是，分直列、横行两个方向，每一直列内只能有一个处理，横行也是一样。即每种处理在横行与直列都只出现一次，而且横行与直列数目相等。重复数、处理数、直列数、横行数均相等。

拉丁方设计常应用于产蛋鸡或泌乳母牛短期的试验与饲料消化率的测定，以不同泌乳期或产蛋期与个体分别作为两种系统误差，经统计处理，消除两者对试验结果的影响。在猪方面多用于消化试验和代谢试验。可用较少量的试畜得到同样正确的结论。在试畜数量受到限制时，应用拉丁方设计较为有利。它用每一头试畜分期测几种饲料的性能，同时，在统计中消除个体及时期的差异。

拉丁方设计有3×3、4×4和5×5等，在畜牧试验中多用3×3和4×4拉丁方设计，其标准方见表7-3。

表7-3　3×3和4×4设计标准方

3×3设计标准方		4×4设计标准方			
Ⅰ	Ⅱ	Ⅰ	Ⅱ	Ⅲ	Ⅳ
ABC	ABC	ABCD	ABCD	ABCD	ABCD
BCA	CAB	BADC	BCDA	BDAC	BADC
CAB	BCA	CDBA	CDAB	CADB	CDAB
		DCAB	DABC	DCBA	DCBA

拉丁方也可以重复，组成复合方。它的缺点是因素之间存在互作时，不宜应用；各因素的区组数目要相同，也不易满足。例如，用4×4拉丁方设计测定饲料的消化率，基础日粮由玉米、豆饼、麸皮、大麦以及维生素、微量元素添加剂等组成。测定玉米、大麦、麸皮的消化率，用1～8号猪，两个重复，进行四期消化试验，每期20 d。其具体分配情况如表7-4所示。

表7-4　拉丁方试验设计方案

重复 / 时期 / 猪号 / 饲料	Ⅰ				Ⅱ			
	Ⅰ	Ⅱ	Ⅲ	Ⅳ	Ⅰ	Ⅱ	Ⅲ	Ⅳ
基础日粮	1	2	3	4	5	6	7	8
80%基础+20%玉米	3	4	1	2	6	7	8	5
80%基础+20%大麦	4	1	2	3	7	8	5	6
80%基础+20%麸皮	2	3	4	1	8	5	6	7

试验结果，将重复的2个试验合并整理，每种饲料有8个数据的平均数，每个时期亦有8头猪的平均数，8头猪各有其个体对4种饲料的消化率。整理后按下列自由度分裂进行变量分析（表7-5）。

表7-5　两个4×4拉丁方变量分析表中自由度分裂

变异来源	自由度
时间期	3
饲料期	3
猪间	7
重复	1

（续）

变异来源	自由度
随机误差	17
总数	31

拉丁方设计所用实验动物头数少，精确性高，但试验期长，分析方法也较复杂。拉丁方设计必须要求试验处理因子与横行区组及直列区组都不能存在交互作用。此外，处理数（水平）必须要和横行数、直列数一致，这也是拉丁方设计的局限所在。

第二节　复因子试验设计

研究 2 个或 2 个以上因素的试验，称为复因子试验，也称为因子试验或析因试验。复因子试验不仅可以研究每个因子的效应，还可以研究各因子间的交互作用。所以，复因子试验比单因子试验效率高。复因子试验设计可繁可简。简单的如 2×2 因子试验，即两个因子各为 2 个水平；较复杂的如 2×2×3×4，有 4 个因子，其水平数为 2、2、3、4。一般说，试验设计越复杂，所得资料也越多，结论也越详尽。但随着因子数与水平数的增加，试验规模也会变大，实施起来也就越困难。所以，在畜牧饲养试验中一般不超过 3 因子。若因子较多时可参考使用正交试验。

例 1：为了探讨快育灵促生长剂和土霉素对猪增重的影响，选用体重接近的 24 头甘肃黑猪断奶仔猪进行饲养试验。快育灵促生长剂为 A_0（不喂快育灵）和 A_1（喂快育灵）两个水平，土霉素分为 B_0（不喂土霉素）和 B_1（喂土霉素）两个水平。

采用两方面交叉分组方法，共有 4 个水平组合，即 4 个处理试验组，即 A_0B_0、A_0B_1、A_1B_0、A_1B_1，然后把 24 头断奶仔猪随机分为 4 个组，每组 6 头。得到试验方案见表 7-6。

表 7-6　2×2 因子试验分组方案

快育灵 / 土霉素	B_0	B_1
A_0	A_0B_0（试验 1 组）	A_0B_1（试验 2 组）
A_1	A_1B_0（试验 3 组）	A_1B_1（试验 4 组）

试验结果不但可以分别看出快育灵与土霉素饲喂效果（A_1和A_0比、B_1与B_0比），而且还可以分析出快育灵与土霉素交互作用，即快育灵与土霉素共同喂猪的饲养效果。

例 2：研究三个品种猪的生产性能，用三种不同的饲料，每组 8 头猪，4 个月试验增重见表 7-7。

表 7-7　3×3 因子试验结果

品种＼饲料	Ⅰ	Ⅱ	Ⅲ	平均
黑猪	58	55	51	54.7
长白猪	65	61	58	61.3
长白猪×黑猪	70	66	65	67
平均	64.3	60.7	58	

这种试验设计，不仅表现在 3 种饲料间的差异，还可以表现出 3 个品种猪的生产性能，以及品种与饲料间的相互作用（互作）。因此，是比较全面的变量分析。在实验动物相同的情况下，设计方法愈复杂，所得的资料愈多，能得到更详尽的结论。因此，复因子设计较单因子设计为优越。试验误差由于分析了更多的变异来源而减少，可提高试验的精确度。

例 3：为了探讨能量、蛋白、营养水平对肉鸡增重的影响，可选用 1 日龄罗曼肉鸡 240 只进行饲养试验。代谢能分A_1、A_2两个水平（A_1=11.30kJ/kg，A_2=12.14kJ/kg），蛋白质分别B_1、B_2两个水平（B_1=19%，B_2=22%）；赖氨酸分为C_1、C_2、C_3三个水平（C_1=0.8%，C_2=1.0%，C_3=1.2%）。采用 2×2×3 交叉分组试验方法（表 7-8），共分 12 个水平组合组（即 12 个试验组）。把 240 只肉鸡随机分到 12 个试验组，每组 20 只。

表 7-8　2×2×3 试验组方案

		C_1	C_2	C_3
A_1	B_1	$A_1B_1C_1$（试验 1 组）	$A_1B_1C_2$（试验 2 组）	$A_1B_1C_3$（试验 3 组）
	B_2	$A_1B_2C_1$（试验 4 组）	$A_1B_2C_2$（试验 5 组）	$A_1B_2C_3$（试验 6 组）
A_2	B_1	$A_2B_1C_1$（试验 7 组）	$A_2B_1C_2$（试验 8 组）	$A_2B_1C_3$（试验 9 组）
	B_2	$A_2B_2C_1$（试验 10 组）	$A_2B_2C_2$（试验 11 组）	$A_2B_2C_3$（试验 12 组）

试验结果经统计分析，不但分别可以看出能量、蛋白、赖氨酸的不同营养水平对肉鸡增重效果，而且可以看出三种营养因子之间的交互作用。

第三节　畜禽饲养试验方法

一、试畜的选择

（一）试畜的一般要求

（1）试畜的品种（品系）、杂交组合、胎次、性别等应尽量一致。

（2）出生日龄接近（猪相差不超过±5d，禽±1d），体重相差无几（组内个体差异不超过10%，组间平均体重差异不显著）。

（3）必须健康无病，采食量、食欲正常，生长发育均衡。

（二）试畜的头数要求

（1）小试最少头数一般要求为：禽类30羽，猪12头，牛6头。中试头数一般为小试10倍。

（2）公式法确定头数　在可以预测最低期望差异前提下，借用以往研究结果或前人测出的标准差，可以用如下公式推算出试畜头（羽）适宜范围。

$$n=\frac{2t_{0.05}^{2}s^{2}}{d^{2}}=\frac{8s^{2}}{d^{2}}$$

式中：n为所要求各试验组试畜头数；$t_{0.05}$为用自由度为∞时的t值来估计，即$t_{0.05}\approx2$；s为经验标准差；d为最低显著差异的预计值。

（三）试验前试畜的准备工作

（1）去势　主要指猪。在种猪场做试验，往往将公猪去势，母猪不去势。

（2）驱虫及防疫注射。

（3）个体编号　猪打耳标，鸡可以标记脚号和翅号（有专门出售的标号）。

二、对照组

任何试验都必须设具有基准性质的对照组，因为只有通过与对照组比较，才能显示出试验组（试验因素）的效果。对照组和试验组间，除试验组给予不同处理外，其他一切条件都应力求一致，否则就失去对照的意义。对照组设立有三种情况。

（一）单设对照组

例如，探讨生长育肥猪饲粮中添加“快育灵”促生长剂的饲养效果及其适宜添加量，可按表7-9设计。

表 7-9 “快育灵”促生长剂饲养试验设计（猪）

项　目	对照组	试验 1 组	试验 2 组
头数（头）	12（6♀6♂）	12（6♀6♂）	12（6♀6♂）
处理	基础日粮	基础日粮＋30mg/kg 快育灵	基础日粮＋50mg/kg 快育灵
预饲期（d）	10	10	10
正式期（d）	90	90	90

（二）互为对照组

试验组之间互为比较，即互为对照组。此时，必要求各试验组内容相同，只是水平不同。例如，比较肉鸡三种饲养标准效果的试验设计见表 7-10。

表 7-10 肉鸡三种饲养标准比较试验设计

项　目		试验一组（标准 1）		试验二组（标准 2）		试验三组（标准 3）	
肉鸡品种		罗曼		罗曼		罗曼	
羽数（混合雏）（羽）		40		40		40	
日粮营养水平（试验处理）	ME（kJ/kg）	前期	后期	前期	后期	前期	后期
		1 155	1 197	2 180	2 600	2 600	1 260
	CP（%）	前期	后期	前期	后期	前期	后期
		19.8	18	21	19	22.3	20.85
试验天数（d）		0～56		0～56		0～56	

注：前期 1～28d，后期 29～56d。

（三）动物本身前后期互为对照

例如，肉牛的增重剂（赤霉烯酮）饲养试验设计（表 7-11），就是用同一组牛试验，以试验前的结果当做对照组。

表 7-11 肉牛的增重剂试验设计

品种	头数（头）	起始日龄	预试期（d）	试验前期		过渡天数（d）	试验后期（试验）	
				天数（d）	处理		天数（d）	处理
夏洛克	8	7 月龄	10	60	基础日粮	7	60	基础日粮＋100mg/kg 增重剂

（四）其他对照法

在中间试验或生产性能扩大试验时，可以用饲养场同期全场生产成绩为对照，也可以用上一年度全场的生产成绩为对照。

三、预饲期

（一）预饲期的作用

在进入正式试验前，应进行预备试验，即预饲期。预饲期不可缺少，其作用主要有以下四点：

（1）使试畜适应新的试验环境（如牛固定槽位等）。

（2）做好试畜的编号、去势、驱虫、防疫、注射等工作（这方面工作最好在预饲期前进行）。

（3）摸索饲料适宜喂量。

（4）检验各试验组内的试畜增重、饲料利用率、采食量、健康状况等是否一致。

在预饲期内若发现个体试畜有异常现象（如增重过快或过慢、采食过多或过少等），在预饲期结束后要除去，因此，预试期的试畜头数应比正式期头数多一些。

（二）预饲期的天数

没有统一规定，一般在10～15d。其中试验环境条件及日粮组成变化大、试畜整齐度差，则预饲期要求长一些，反之可短一些。

（三）预饲期要求

（1）预饲期各组间饲养管理条件要求一致。

（2）预饲期最好采用不限量饲喂方法。

（3）预饲期结束各组间平均日增重和饲料利用率差异不显著（$P>0.05$）才能进入正式期。否则试畜要重新调整，重新进行预饲。

四、正式期

预饲结束，就是正式试验的开始，故预饲结束的体重，就是试验开始的体重。

转入正式期，在试验组内除增加一项要试验的因素（即试验内容）外，其他饲养管理条件均与对照组一样。试验结束后，试验组与对照组出现差异，这个差异就是这一因素所致，也就是本次试验的目的。

（一）正式期的期限

一般正式期越长越好，但最短不应低于以下天数，否则试验结果无效：肉牛60d、乳牛60d、育肥猪60d、肉鸡28d、产蛋鸡160d。

（二）正式期的阶段划分

为了记录统计及互相比较的方便，常常根据畜禽生长发育阶段及生理状态不同，把整个正式期划分几个阶段。

母猪试验按生理状况分3个阶段：空怀期、妊娠期、哺乳期。

生长猪试验按体重划分3个阶段：20～35、35～60、60～90kg。

仔猪试验按日龄分2个阶段：初生至21日龄、22日龄～断奶。

肉鸡试验按日龄分2个阶段：0～28、29～56d。

肉鸭试验按日龄划分3个阶段：0～21、22～49日龄、50至出售。

生长蛋鸡试验按周龄划分3个阶段：0～6、7～14、15～20周龄。

其他如肉牛、奶牛、产蛋鸡等正式期划分没有一定要求，一般以月为一个试验阶段。

（三）正式期起止时间

畜禽增重饲养试验的起止时间确定一般有以下四种方法：①同日龄开始，同日龄结束；②同体重开始，同体重结束；③同日龄开始，同体重结束；④同体重开始，同日龄结束。乳牛及产蛋鸡正式期试验一般以日龄作为起止时间。

（四）正式期试验的几个技术问题

1. 单槽喂养 有条件地方，动物小试最好采用个体单槽（单笼）饲养，并为个体称重、个体统计饲料消耗量，最后数据便于生物统计。

2. 自由采食和限制饲喂 试验中应采用自由采食还是限制饲喂，不是以人的主观愿望而定，而应根据试验目的和内容来定。自由采食可以充分反映畜禽对于饲料（或日粮）的适应性和采食量的大小。限制饲喂是根据畜禽日龄或体重固定并适当限制饲料供应。采用限量饲喂方法可以判断日粮的可消化性。

3. 试验日粮的配制 试验日粮一方面根据试验目的和内容的要求配制，另一方面还要考虑将来的实用价值和推广价值。

试验前要把所有试验用的原料配齐和配足。根据试验配方，可以把一个试验阶段的料配齐。如有条件，试验前应把各种原料进行化验，以化验的结果作为试验配方配制的依据。

配方标记不能弄错，每日实际采食量（扣除浪费的）要准确记录。

4. 称重技术 试畜在饲养试验过程中定期称重，是判断增重效果的重要手段。称重是否正确对试验结果影响很大。一些生产单位所做的饲养试验有时出现误差，往往发生在称重差错上。因此，称重技术不可忽略。

（1）称重时间　每次称重时间应当固定，如试验开始时为08：00开始称重，以后各次称重均应从08：00开始。为消除粪便积存或采食对试畜体重带来的影响，一般应在早饲前将试畜赶起，排净粪尿后再进行空腹称重。注意畜禽每次称重一定要空腹称重。猪空腹 12h，鸡空腹 4～6h，牛空腹 24h。每次试验组称重顺序应一样。

（2）称重次数　肉鸡及猪的短期增重试验（两个月）可以半个月称一次；猪做全程（20～90kg）育肥试验，可以每个月或每个体重阶段（20、35、60、90kg）各称量一次。

为防止称重过程中出现差错，试验起始和试验结束均要求连续两天早晨空腹称重，以前后两次平均值为始重和终重。个别试畜前后两次称重数值差别大（常因看错秤或记录错引起），则要求称第 3 次，取 2 次相近数的平均值为始重或终重。其他时间称一次即可。

（3）试畜称重数目　小试要求全部畜禽都单独称重，中试或生产推广试验可以随机抽样称重，抽样数目为群体的 10%左右。

五、试验的重复

为了使试验准确可靠，避免偶然因素所造成的误差，使结果能反映客观实际，一定要进行重复试验。重复可以是时间上的（如同样的试验先后做 2 次），也可以是空间的（如同样的试验同时做 2 次）。一般常用的重复试验方法有以下几种：

（一）分组重复试验

这个方法是在一个试验项目中，同时设两个试验组、两个对照组。这种方法的优点是可节省时间，重复条件一致，但试畜头数及试验设备条件都要求相应增加。例如，发酵血粉重复试验方案（表 7-12）。

表 7-12　发酵血粉重复试验设计方案（某品种产蛋鸡）

组　别		羽数（羽）	预饲期（15d）	正式期	
				天数（d）	处理
Ⅰ	对照组	40	基础日粮	120	基础日粮
	试验组	40	基础日粮	120	基础日粮+3%发酵血粉
Ⅱ	对照组	40	基础日粮	120	基础日粮
	试验组	40	基础日粮	120	基础日粮+3%发酵血粉

（二）分期重复试验

此法只限做牛、猪短期增重试验。此法优点是试畜用得少，缺点是试畜各期生长发育强度不一致会影响试验准确性。此方案见表 7-13。

表 7-13　分期重复试验设计

前时期（对照）	过渡适应期	正式期（试验期）	过渡适应期	后试期（对照）
基础日粮	基础日粮	基础日粮＋3%松针叶粉	基础日粮	基础日粮

（三）交叉重复试验

这是生长家畜常用的一种重复试验方法，它可减少试畜本身所引起的试验误差，从而可提高试验的准确性。这种方法是在一个试验中将试验单元分期进行交叉或反复 2 次以上。一般可分为 2×2、2×3、3×3 以及 2×n 个交叉重复试验。表 7-14 是 2×2 交叉重复试验设计模式。

表 7-14　2×2 交叉重复试验设计

头数（头）	适应期	试验期	过渡适应期	重复期
12	基础日粮	试验组	基础日粮	对照组
12	基础日粮	对照组	基础日粮	试验组

（四）多点重复试验

分别在不同地区，不同饲养场做重复试验，试验点不限。此方法优点是试验的结果代表性与广泛性强，可以反映出某一个试验结果在不同地区、不同饲养条件下的生产效应。

正因为是多点试验，各自条件不一样，试验条件不易统一，所反映出的试验结果差异可能很大。在进行多点试验时，应要求有统一领导、统一试验设计方案、按统一试验要求执行。这样得出多点试验结果才有可比性。

第四节　畜禽生产性能指标与计算

饲养试验结果，往往要依生产性能有关的一些指标加以评定。畜禽种类不同，要求它们的生产和产品也不同，因此，生产性能指标也有所不同。下面就以猪、禽、奶牛为例，就有关主要生产性能指标及计算方法介绍如下。

一、猪的生产性能指标与预测

（一）繁殖性能

1. 受胎率和情期受胎率

$$受胎率（\%）=\frac{受胎母畜数}{参加配种母畜数}\times 100\%$$

$$情期受胎率（\%）=\frac{情期受胎母畜数}{参加配种母畜数}\times 100\%$$

2. 产仔数 产仔数指出生时全部猪的总数（包括死胎和木乃伊等在内）。产仔数应在母猪产仔后 8～10h 内进行登记。

3. 存活率

$$存活率（\%）=\frac{产仔数-（死胎+死产）}{产仔数}\times 100\%$$

4. 初生重 仔猪初生重是指在仔猪生后 12h 内（吃初乳之前）所称重量。

5. 均匀度（整齐度）

$$均匀度（\%）=\frac{最轻仔猪体重}{最重仔猪体重}\times 100\%$$

6. 泌乳力与泌乳量 泌乳力以仔猪出生后 1 月龄（或 20 日龄）时窝重来表示（包括寄养的仔猪在内）。

$$母猪第1个月泌乳量=（生后30日龄窝重-初生窝重）\times 3$$

“3”为每 1kg 活重需要 3kg 猪乳。

7. 断奶全窝重 指断奶日龄（生后 45 或 60 日龄）全窝仔猪的总重量（空腹称重）。

8. 哺育率

$$哺育率（\%）=\frac{断奶头数}{存活头数（包括窝头数）}\times 100\%$$

（二）肥育性能指标

1. 增重

$$绝对增重（kg）=终重-始重$$

$$日增重（kg）=\frac{（终重-始重）}{日龄}$$

$$相对增重（\%）=\frac{（终重-始重）}{始重}\times 100\%$$

2. 饲料利用率

$$料重比=\frac{育肥期消耗的饲料量}{育肥期的总增重}$$

$$转换率=\frac{总增重}{饲料消耗总重}$$

3. 胴体品质

（1）屠宰率 屠宰率是胴体重（猪去头、尾、蹄和内脏的胴体冷却 24h 后的重量，牛羊还要去皮）占宰前空腹重的比率（注：空体重=屠前活重-肠胃内容物)。

$$屠宰率(\%)=\frac{胴体重}{空体重}\times 100\%$$

(2) 膘厚　膘厚是指猪皮下脂肪的厚度,可间接反映胴体瘦肉量多少。目前各地各国膘厚测量部位不统一,一般是指第 6～7 胸椎连接处的背膘厚度。

(3) 眼肌面积　一般是指猪最后肋骨后缘对应处的背最长肌的横断面积(按宽度×厚度×0.7 的公式计算,宽度、厚度单位取厘米)。

目前背膘厚和眼肌面积多采用 B 超活体直接测定得出。按照现行有效标准的规定,采用 B 超测定时,猪活体背膘厚和眼肌面积的测定部位是倒数第 3～4 肋间左侧距背中线 5cm 处。这一测定部位对应的解剖学位置,应该是顺数第 10～13 或 11～14 胸椎或倒数第 3～4 胸椎处。换言之,猪活体测定的部位所对应的解剖学位置,正好是背腰部椎骨的一半 [(24～28)/2]。

(4) 瘦肉率　计算公式:

$$瘦肉率(\%)=\frac{瘦肉重量}{骨、肉、脂、皮合计量}\times 100\%$$

$$=\frac{胴体重-(皮重+脂重+骨重)}{胴体重}\times 100\%$$

4. 肉品质

(1) 肉的颜色　肌红蛋白(Mb)和血红蛋白(Hb)是构成肉色的主要物质,起主要作用的是 Mb,它与氧的结合状态,在很大程度上影响着肉色,且与肌肉的 pH 有关。肉色的评定方法很多,目前使用的主要有两大类:主观评定和客观评定。

主观评定是依据标准的肉色图谱进行 5 分制的肉眼比色评定:在猪屠宰后 1～2h,取胸腰椎结合处背最长肌横断面,放在 4℃的冰箱里存放 24h;1 分为灰白色(PSE 肉色),2 分为轻度灰白色(倾向 PSE 肉色),3 分为鲜红色(正常肉色),4 分为稍深红色(正常肉色倾向 DFD 肉色),5 分为暗褐(紫)色(DFD 肉色)。

客观评定是利用仪器设备进行测定,目前使用较多的是色差仪(色度仪)。色差仪(色度仪)是一种能分别不同颜色的高精密电子仪器,用它可以测定猪肉颜色的亮度(L^*)、红度(a^*)、黄度(b^*)值。Lab 色空间就是利用 L^*、a^*、b^* 3 个 1 组的数值来表示任何一种颜色。其中 L^* 表示亮度,取值 0～100,值越大,亮度越大;a^* 和 b^* 有正负之分,$+a^*$ 表示红度,$-a^*$ 表示绿度,$+b^*$ 表示黄度,$-b^*$ 表示蓝度。用色差仪可以测定任何一种颜色的

L^*、a^*、b^*值，根据所测的L^*、a^*、b^*值可以判断不同颜色的差别。PSE肉的L^*值高而a^*值低，DFD肉反之。

（2）肉的酸碱度　宰后肌肉活动的能量主要依赖于糖原和磷酸肌酸的分解，二者的产物分别是乳酸和磷酸及肌酸，这些酸性物质在肌肉内储积，导致肌肉pH从活体时7.3开始下降，肌肉酸度的测定最简单快速的方法是pH测定法。

一般采用酸度计测定法：在猪宰后褪毛前，于最后肋骨处距离背中线6cm处开口取背最长肌肉样，肉样置于玻璃皿中，将酸度计的电极直接插入肉样中测定，每个肉样连续测定3次，用平均值表示。正常背最长肌的pH多在6.0～6.5；pH小于5.9，并伴有肉色暗黑、质地坚硬和肌肉表面干燥等现象，可判为DFD肉。

肌肉pH间接反映糖原酵解的强度和速度，pH在5.5以下者判定为PSE肉。肌肉pH可以直接用PA型酸度计测定。

（3）肌纤维细度　肌纤维的粗细与肉的适口性有关。取猪臀部肌肉一块，切成1cm左右大小的肉样，在20%的HNO_3溶液中浸泡24h后取出备用。把浸泡的黄色肉样用探针和镊子撕开，取一小撮内部肌肉纤维放在载玻片上，滴一滴甘油，然后用探针将肌肉纤维磨碎均匀。盖上盖玻片，再把制作好的切片放在带有目测微尺的显微镜下，观察其肌纤维的直径，并通过目测微尺读出和记录部分肌肉纤维的直径数值，计算其平均值。也可将猪肌肉样品制备石蜡切片，HE染色后采用软件进行纤维直径和密度的测定。

（4）系水力（water holding capacity）　是指肌肉保持水分的能力。测定方法有重量加压法、滴水损失法和熟肉率。

①重量加压法　在宰后2h内，取第1～2腰椎处背最长肌，切成1cm厚的薄片，用天平称压前肉样重，然后把肉样放入压力计中加压35kg，10min后撤除压力后立即称重，按下列公式计算系水力。

$$\text{失水率（\%）}=\frac{\text{压前肉样重}-\text{压后肉样重}}{\text{压前肉样重}}\times 100\%$$

$$\text{系水力}=1-\frac{\text{失水率}}{\text{该肉样水分含量}}$$

②滴水损失法　在宰后2～3h，取第2～3腰椎处背最长肌，顺着肉样肌纤维方向切成2cm厚的肉片，修成长5cm、宽3cm的长条称重，用细铁丝钩住肉条的一端，使肌纤维垂直向下，悬挂于塑料袋中（肉样不得与袋壁接触），扎好袋口后吊挂于4℃左右的冰箱条件下保持24h，取出肉样称重计算。

$$\text{滴水损失（\%）}=\frac{\text{吊挂前肉条重}-\text{吊挂后肉条重}}{\text{吊挂前肉条重}}\times 100\%$$

无论是失水率还是滴水损失，其值越高，则系水力越差。

③熟肉率　宰后2h内取腰大肌中段约100g肉样，称蒸前重，然后置于蒸屉上用沸水蒸30min。蒸后取出吊挂于室内阴凉处冷却15～20min后称重，计算熟肉率。

$$熟肉率（\%）=\frac{蒸后重}{蒸前重}\times 100\%$$

二、家禽生产性能指标

（一）产蛋期

1. 开产日龄

（1）个体记录　以产第一个蛋的平均日龄计算。

（2）群体记录　鸡、鸭按日产蛋率达50%的日龄计算，鹅按日产蛋率达5%日龄计算。

2. 种蛋合格率　指种母禽在规定的产蛋期内所产符合本品种、品系要求的种蛋数占产蛋总数的百分率。

规定产蛋期：蛋用鸡在72周龄内，肉用鸡在62周龄内，鸭（包括蛋用）在72周龄内，鹅在70周龄内（利用多年以生物学产蛋年计）。

3. 受精率　受精蛋占入孵蛋的百分率（血圈、血线蛋按受精蛋计算，散黄蛋按未受精蛋计算）。

4. 孵化率（出雏率）

受精蛋孵化率：出雏数占受精蛋数的百分率。

入孵蛋孵化率：出雏数占入孵蛋数的百分率。

5. 健雏率　指健康雏禽数占出雏数的百分率。健雏指适时出壳、绒毛正常、脐部愈合良好、精神活泼、无畸形者。

6. 产蛋量　母禽在统计期内的产蛋数。

（1）按入舍母禽数统计：

$$入舍母禽数产蛋量（个）=\frac{统计期内的总产蛋量}{入舍母禽数}$$

（2）按母禽饲养只日数统计：

$$母禽饲养只日数产蛋量（个）=\frac{统计期内的总产蛋量}{实际饲养母禽只数}$$

$$=\frac{统计期内的总产蛋量}{统计期内累加饲养只日数/统计期日数}$$

注：统计期内总产蛋量指周、月、年或规定期内统计的产蛋量。

7. 产蛋率　母禽在统计期内的产蛋百分率。

$$\text{饲养日产蛋率（\%）}=\frac{\text{统计期内的总产蛋量}}{\text{实际饲养日母禽只数的累加数}}\times 100\%$$

$$\text{入舍母禽数产蛋率（\%）}=\frac{\text{统计期内的总产蛋量}}{\text{（入舍母禽数}\times\text{统计日数）}}\times 100\%$$

8. 蛋重　平均蛋重从300日龄开始计算，以克为单位。个体记录者须连续称取3个以上的蛋求平均值；群体记录时，则连续称取3d总产蛋量求平均值。大型禽场按日产蛋量的5％称测蛋重，求平均值。

$$\text{总蛋重（kg）}=\frac{\text{平均蛋重}\times\text{平均产蛋量}}{1\ 000}$$

9. 母禽存活率　入舍母禽数减去死亡数和淘汰数后的存活数占入舍母禽数的百分率。

（二）蛋的品质

在称蛋重的同时，进行以下指标测定。测定的蛋数不少于50个，每批种蛋应在产出后24h内进行测定。

1. 蛋形指数　用游标卡尺测量蛋的纵经与最大横径，求其商。以mm为单位，精确度为0.5mm。蛋形指数为纵径和横径之比。

2. 蛋壳强度　用蛋壳强度测定仪测定。

3. 蛋壳厚度　用蛋壳厚度测定仪测定。分别测量蛋壳的钝端、中部、锐端三个厚度，求其平均值。应剔除内壳膜。以mm为单位。

4. 蛋的相对密度　用盐水漂浮法测定。

5. 蛋黄色泽　按罗氏（ROCHE）比色扇的15个淡黄色泽等级分级，统计每批蛋各级的数量与百分比。

6. 蛋壳色泽　按白、浅褐、深褐、青色等表示。

7. 哈氏（HANGH）**单位**　用蛋白高度测定仪测量蛋黄边缘与浓蛋白边缘的中点。避开系带，测三个等距离中点的平均值为蛋白高度。

$$\text{哈氏单位}=100\cdot\text{Log}（H-1.7W+7.57）$$

式中：H为浓蛋白高度（mm）；W为蛋重（g）。

8. 血斑和肉斑率　在测蛋白高度的同时，统计含有血斑和肉斑的百分率。

$$\text{血斑和肉斑率（\%）}=\frac{\text{血斑和肉斑总数}}{\text{测定的蛋数}}\times 100\%$$

（三）肉用性能

（1）活重　在屠宰前停饲12h后的重量。以克为单位。

（2）屠体重　放血、去羽后的重量（湿拔法须沥干）。以克为单位。

（3）半净膛重　屠宰体去气管、食管、嗉囊、肠、脾、胰和生殖器官，留心、肺、肝（去胆）、肾、腺胃（除去内容物及角质膜）和腹脂（包括腹部板油及肌胃周围的脂肪）的重量。以克为单位。

（4）全净膛重　半净膛重去心、肝、腺胃、肌胃、腹脂及头脚的重量（鸭、鹅保留头脚）。以克为单位。

（5）常用的几项屠宰率的计算方法

屠宰率（%）＝屠体重/活重×100%

半净膛重（%）＝半净膛重/屠体重×100%

全净膛重（%）＝全净膛重/屠体重×100%

胸肌率（%）＝胸肌重/全净膛重×100%

腿肌重（%）＝大小腿净肌肉重/全净膛重×100%

腹脂率（%）＝腹脂重/活体重×100%

（四）饲料利用率

$$产蛋期料蛋比=\frac{产蛋期耗料量（kg）}{总蛋重（kg）}$$

$$肉用仔禽料重比=\frac{肉用仔禽全程耗料量（kg）}{总蛋重（kg）}$$

三、奶牛的生产指标

（一）产奶量

牛的产奶量，一般以 30.5d 作为泌乳期计算。产奶量可以逐日逐次测定并记录，也可每月测定一次（每次间隔时间要均匀），然后将 10 次测定的总和乘以 30.5，作为 30.5d 的记录（误差约为 2.7%）。

因为奶牛所处的胎次和泌乳天数不同，产奶量有很大差异。在实际生产中必须采用校正系数，把不同胎次和泌乳天数的奶牛产奶量校正为该品种产奶最高泌乳期的产奶量，并将此作为年标准量。

（二）泌乳的均衡性

1. 稳定系数　稳定系数的大小，可反映牛场生产力的均衡性如何。系数越接近 0，则该奶牛的生产力越均衡。

$$稳定系数（\%）=\left(1-\frac{本月挤奶量}{上月挤奶量}\right)\times100\%$$

2. 全价指数　全价指数是反映牛泌乳曲线稳定性的一个指标。指数越大，产奶均衡性越大，则泌乳曲线下降程度越小，也就越稳定。

$$全价指数（\%）=\frac{实际产奶量}{最高日产奶量\times泌乳期日数}\times100\%$$

（三）平均乳脂率与标准乳

乳脂率即牛奶所含脂肪的百分率。全泌乳期的平均乳脂率计算方法如下：

$$平均乳脂率(\%)=\frac{\sum(F\times M)}{\sum M}\times100\%$$

式中：F 为每次测定的乳脂率，M 为该次取样期内的产奶量。

每头牛的乳脂率是不等的，因此在比较不同牛的产奶力时，应统一换算成4%标准乳量。

$$4\%标准乳量=（0.4+15F）\times M$$

式中：M 为产奶量；F 为乳脂率。

第八章 CHAPTER 8

畜禽消化代谢试验

无论评定饲料的营养价值，还是研究畜禽的营养生理和营养需要量等，都要直接应用各类动物进行消化、代谢的试验和研究。由于猪、鸡、牛、马、羊在解剖生理上有差别，所以在具体进行消化、代谢试验的技术方法上，也各有特点。例如，牛、羊是反刍家畜，不同于单胃动物的猪。鸡是鸟类，与猪、牛更不一样。此外，由于动物试验的复杂性，在如何应用指示动物（如大白鼠、大鼠等），应用先进的试验设计和模拟反刍瘤胃的生理活动方面，以及如何应用数理统计方法，找出动物在消化代谢方面的一些规律，以简化动物试验方面，都有不少新的技术进展。

第一节　消化试验：饲料养分或能量消化率的测定

一、全收粪法（常规法）

（一）原理

饲料的营养价值虽可用化学分析方法测定，但其真正的营养价值只有在扣除了消化、吸收和代谢的损失以后才能得到。饲料进入畜体后的第一种损失就是未被畜体吸收而从粪中排出的养分。

饲料中养分的消化率是指饲料中未经粪排出，从而假定被吸收的那部分养分占食入该养分的比例，通常以百分数表示。例如，一头牛食入 5.5kg 干草，其中含有 5kg 干物质。从粪中排出 2kg 干物质，则该干草干物质的消化率为：

$$\text{干草干物质消化率（\%）} = \frac{\text{食入干物质}-\text{粪中干物质}}{\text{食入干物质}} \times 100\%$$

$$= 100\% \times (5-2)/5 = 60\%$$

同理，可以计算干草干物质中其他各种养分的消化率。

用这种方法测定的消化率称为表观消化率，它并不是饲料养分的真消化率：①计算表观消化率时，把从饲料碳水化合物部分经消化道微生物分解变成

CO_2和CH_4损失的养分当做已经过家畜消化与吸收的养分。但这是不确定的，尤其是反刍家畜更是如此。②计算表观消化率时把粪便中所有的养分都当成是饲料中不消化的养分。但粪中存在脱落的消化道上皮细胞和残余的消化酶以及细菌等，它们的含氮化合物实际都不是来自饲料的未被吸收的粗蛋白。

用全收粪法测定饲料养分的消化率时，要喂给试畜一定量的饲料，并测定其排粪量。通常须用几头试畜以检验误差和个体间的变异。最好选用公畜，以便于分别收集粪、尿。试验家畜须健康、驯顺。如用小家畜进行消化试验时，可将试畜置于消化代谢笼中，如用大家畜进行消化试验时，则采用集粪袋。

如用禽类做消化试验，就比较复杂。因禽类的粪尿是从泄殖腔混合排出的。从尿中排出的物质主要是含氮化合物。因此，可用化学分析方法将粪尿分离。此外，也可用外科手术——人工肛门术，使粪尿分别排出体外。

（二）主要用品

代谢笼或集粪袋、地秤（称体重用）、台秤（称饲料用）、量筒（1 000mL）、瓷盘、样品盒或样品袋、接尿瓶、刮粪铲、收粪桶等。

（三）试验方法与步骤

1. 实验动物 可根据具体试验条件，选择猪、犊牛或羊，或其他畜禽作为实验动物。一般要求选择品种相同，体重、年龄接近，健康、去势家畜6～12头。在条件允许时，试验设计可采用拉丁方设计，以消除家畜个体差异，增加试验数据。进行方差分析时，其自由度应不少于15。

2. 日粮配合 按照试验设计规定的日粮组成，配备所需的饲料种类（包括矿物质、维生素添加剂）及数量。试验所用日粮应一次准备齐全。再按每日需要数量称重，分装成包，以备试验所用。同时采取分析样品送实验室，立即测定干物质含量及供化学成分分析用。

3. 试验步骤 试验分两期进行，即预饲期与试验期。各种家畜消化试验的预饲期和试验期，大致规定见表8-1。

表8-1 各种家畜消化试验的预饲期和试验期

	预饲期（d）	试验期（d）
牛、羊	10～14	10～14
马	7～10	7～10
猪	5～10	5～7

各种试畜经上述不同天数的预饲期后，它们消化道中原有饲料的残渣可全部排清。同时使试畜适应新的饲粮及饲养管理环境。在试畜采食正常后，应摸

清其采食情况，以便在试验期间，日粮采食量尽量相等，使试畜消化系统处于相对平衡状态。这样，在预饲期的最后几天，可根据前几天的测算结果，以食尽而无剩料为原则，配给试畜以一定数量的试验日粮，并立即开始定量给饲，直到进入试验期后，一直要定量给饲到试验期结束为止。

消化试验常规法成功的关键在于准确地计量采食量和排粪量。在单胃动物，由试验饲料产生的粪，可用不消化的有色物质标记出来，如洋红或氧化高铁，即在试验开始和结束时给饲料中混入少量标记物质。当粪中出现标记物质时，即开始收集粪；在结束时，当粪中出现标记物质时，即停止收集粪。在反刍家畜，由于标记的饲料与瘤胃中大量的其他饲料相混合，故标记物质法不能应用。一般采用把集粪期向后推迟 24～48h。

如有剩余饲料时，则每日须详细称出日粮的剩余量（在饲喂时如有剩余精料必须称出），立即测定其干物质含量。如做反刍家畜的消化试验，需要分别测定剩料中混合精料、青饲、干草的干物质含量。以便计算试畜每日的净食入量。

在试验开始与结束的前后一天清晨，应空腹称重，作为试畜的起始体重与结束体重，以备参考应用。

4. 饲养管理 试畜在预饲期与试验期的饲养管理，均依试验设计中规定的，由专人负责进行。每日饲喂、饮水、运动、清扫等工作有明确规定。管理人员应认真执行，并对试验情况详细观察与记录。应做好交接班制度。消化代谢实验室应作好防疫措施。

5. 粪样的收集 可在试验期的第 1 天早饲前开始，连续收集试畜粪便 5～7d。收集粪便的日数，应视每日试畜排粪量的稳定程度而决定，如每日排粪量变异较大时，则须增加收集粪便的日数，以减少试验误差。

每头试畜每天的排粪量应分别收集，并严防粪中混入尿液及杂物。粪便分别放入个别的集粪容器中，盖严，在 4℃条件下保存备用。逐日称重并记录排粪量。每日粪便在混匀后，分三部分取样：①在 105℃烘干，测定水分；②取一部分鲜粪样，立即测定粪氮；③取鲜样代表 10%粪样，在 70℃烘干，测定初水分后，磨碎、全部过 40 号网筛，贮存于磨口广口瓶中，供测定其他养分。亦可将连续 5～7d 收集的粪样，按每日排粪干物质的比例，构成混合样品，进行分析测定。

饲料与粪的热能测定，用氧弹式热量计进行。

为避免粪中氨态氮的损失，试畜粪便在每日称重后，亦可按 10%～50%取样。然后，按每百克鲜粪加 10% H_2SO_4 20mL 进行处理，以保存氨态氮，其他分析步骤与以上所述相同。

6. 测单一饲料消化率　如测单一饲料的消化率时，须进行两次消化试验。采用交叉试验法，将试畜随机分为两组。一组先测基础日粮的消化率，然后再测第2种日粮（基础日粮70%～85%、供试饲料15%～30%）的消化率。另一组试畜则可先测第2种日粮的消化率，然后再测基础日粮的消化率。根据两次消化试验结果，计算供试饲料的消化率。

在第一次消化试验结束后，应有5～7d的过渡期，使试畜有一段适应变换日粮的时间。同时，摸准其对新日粮的采食量，以便定量给饲。测定日粮中单一饲料养分消化率的试验方案，如表8-2所示。

表8-2　测定日粮中单一饲料养分消化率的试验方案

第一组		第二组	
试验	日粮	时期	日粮
第一次消化试验	基础日粮	预饲期 试验期	70%～85%基础日粮 15%～30%供试日粮
5～7d过渡期			
第二次消化试验	70%～85%基础日粮 15%～30%供试日粮	试验期	基础日粮

二、指示剂法（简化法）

（一）原理

用常规法测定饲料或日粮消化率时，必须准确地计量试畜的采食量和排粪量，工作量大，要求条件高，手续较烦琐。因此，此法只适用于少数有条件的动物实验工作。为了简化消化试验的这些烦琐技术工作（同时，在一些情况下，也无法直接计量采食量和排粪量。例如，对群饲的家畜不能测定个别动物的采食量）可采用指示剂法。如用指示物测定日粮的消化率，则可不必计量采食量与排粪量。

消化试验中运用指示物测定消化率的关键是：养分必须与指示物保持恒定的比例关系；指示物应是完全不消化的，在消化道中即不丢失又不分离，同时又是无毒的，才可靠。

最常用的外加指示剂为Cr_2O_3，但结果并不太准确，一般只能回收75%～87%。指示剂也可利用饲料中的天然成分如木质素和氧化硅。

测定放牧家畜对牧草的消化率时，不能用木质素作指示剂。由于家畜在放牧时有选择地采食牧草嫩叶，其木质素含量低于割取的牧草样品。换句话说，我们不容易取得与放牧家畜实际采食的相同的饲料样品。因此，必须完全根据粪的成分来估计消化率。

应用指示剂法测定日粮中养分消化率的计算公式如下：

$$某养分消化率（\%）=\frac{\frac{a}{b}-\frac{b}{d}}{\frac{a}{c}}\times100=100-100\times\frac{b\times c}{a\times d}$$

式中：a 为饲料中某养分含量（%）；b 为粪中某养分含量（%）；c 为饲料中指示剂含量（%）；d 为粪中指示剂含量（%）。

本试验的指示剂可根据各单位条件选择 Cr_2O_3（外加指示剂）或氧化硅（内源指示剂）进行。

为了与全收粪法作比较，本试验可与常规法测定消化率的试验同时进行，即在全收粪法的基础上，加喂 Cr_2O_3；或应用 4N-HCl 不溶灰法测定养分消化率。具体操作方法如下述。

（二）主要用品及数量

下述用品用量为 1 头家畜消化试验时用。

1. 仪器（为分析测定 Cr_2O_3 时用）

光电比色计		1 个
毒气柜		1 个
凯式烧瓶	100mL	16 个
量筒	10mL	1 个
容量瓶	50mL	15 个
漏斗	直径 6cm	15 个
带盖量筒	50mL	12 个
吸量筒	10、5、2、1mL	各 1 个
滤纸		15 小块

2. 药品与试剂

三氧化二铬（Cr_2O_3）	60g
氧化剂	10mL

氧化剂配法：溶解 10g 钼酸钠于 150mL 蒸馏水中，慢慢加入 150mL 浓硫酸（相对密度 1.84）。冷却后，加 200mL 过氯酸（70%～72%），混匀。

（三）试验方法与步骤

（1）实验动物　参考上述常规法试验内容。

（2）日粮配合　参考上述常规法试验内容。

（3）试验步骤　预饲期与试验期的要求与期限参考上述常规法试验内容。

加喂外源指示剂（Cr_2O_3）方法：可在混合日粮中加入 Cr_2O_3 0.5%。经充分混匀后饲喂。对反刍家畜，可由预饲期开始，每日每头试畜在其日粮中加喂 Cr_2O_3 4g，分两次饲喂（可于每日第 1 次和第 3 次喂料时给予）。喂时先将 Cr_2O_3 2g 加入少许精料内搅匀，待试畜吃尽后，再饲喂剩余精料和粗料。

粪样的采取：在试验期的第 2 天开始，每天定时随机抽取鲜粪样品约 100g。每次取样后都要搅拌均匀，并加入 10mL 10% H_2SO_4（或 10%HCl）以防止氨态氮损失及保存氨态氮。

风干粪样或全干粪样的制备见全收粪法材料。

Cr_2O_3的分析测定：

（1）称风干混合日粮或粪样约 0.5g，放入 100mL 干燥的凯氏烧瓶，再加入 5mL 氧化剂。将凯氏烧瓶放置在毒气柜中具有石棉铁丝网的电炉上，用小火燃烧，时时转动凯氏烧瓶，加入约 10min。待瓶中溶液呈橙色，消化作用即告完成（如溶液中有黑色炭粒时，说明消化作用不完全，需补加少量氧化剂继续加热）。

（2）消化完毕，将凯氏烧瓶冷却后，加入约 10mL 蒸馏水，摇匀。将瓶中溶液转入 100mL 的容量瓶中。应再用蒸馏水冲洗凯氏烧瓶数次，将此洗液一并注入上述容量瓶中，直至凯氏烧瓶洗净为止。然后加蒸馏水稀释至容量瓶刻度处，摇匀。

（3）以蒸馏水为空白对照，在光电比色计的 440nm 与 480nm 光波下测定样品溶液中 Cr_2O_3的光密度。再根据 Cr_2O_3的标准曲线求得样品中 Cr_2O_3的百分含量。

（4）Cr_2O_3标准曲线的制作　称取绿色粉状的 Cr_2O_3 0.05g 于 100mL 干燥的凯氏烧瓶中。加氧化剂 5mL，将凯氏烧瓶在电炉上用小火消化，直至瓶中溶液呈橙色透明为止。然后此液移入 100mL 容量瓶中，稀释至刻度。吸取瓶内溶液放入若干个 50mL 带盖量筒中。筒内再加入不等量的蒸馏水，配成一系列不同浓度的标准溶液，然后在光电比色计中 440nm 与 480nm 光波下测定溶液的光密度。根据溶液浓度及光密度读数，制作 Cr_2O_3的标准曲线。

（四）试验记录及计算

计算公式：

$$\text{日粮中 } Cr_2O_3\text{（\%）}=\frac{Cr_2O_3\text{食入量}}{\text{日粮食入量（精料＋粗料）}}\times 100\%$$

注：日粮食入量见全收粪法。

$$粪中\ Cr_2O_3\ (\%)=\frac{a}{W}\times\frac{V}{1\ 000}\times100\%$$

式中：a 为光密度读数在标准曲线上查出的 Cr_2O_3 含量（μg）；W 为样品重量（g）；V 为粪便消化后稀释容量（mL）。

（五）应用 4N-HCl 不溶灰法测定养分消化率

采用 4N-HCl 不溶灰法测定畜禽日粮中养分的消化率，比 Cr_2O_3 法更简易、准确。根据试验材料证明，全收粪法与 4N-HCl 不溶灰法在能量或蛋白质的消化率方面均无显著差别。

4N-HCl 不溶灰法的分析测定：

（1）在 500mL 三角瓶中称取 10～12g 干燥、磨碎的样品（W_S，校正为全干重量）两份。加入 100mL 4N-HCl（1 份样品加 10 份 4N-HCl），在排烟柜内电热板上，徐徐煮沸 30min，三角瓶口安装回流冷却管，以防 HCl 损失。

（2）用直径 120mm 快速定量滤纸过滤，而后用热蒸馏水（85～100℃）洗涤至无酸性反应。然后，将灰分与滤纸移入已知重量的 100mL 坩埚（W_e）中，在 650℃高温炉内烧灼约 6h。

（3）灰化后，坩埚移入干燥器内冷却至室温，再称重（W_f）。

（4）计算公式如下：

$$4N\text{-}HCl\ 不溶灰分\ (\%)=\frac{W_f-W_e}{W_s}\times100\%$$

式中：W_f为坩埚加灰分的重；W_e为空坩埚重；W_s为干样品重。

要求每个称重，称准至 0.1mg。

第二节　物质代谢试验一：日粮中蛋白质代谢试验

一、原理

氮平衡表示动物体内氮的“收支”情况，用以说明家畜机体是贮存了蛋白质，还是损失了蛋白质。当食入的氮大于排出的氮时，称为正氮平衡；当食入的氮等于排出的氮时，称为等平衡（或叫零平衡）；当食入的氮小于排出的氮时，称为负氮平衡。

例如，猪的一个氮平衡试验结果如下：

项　　目	每天食入（g）	每天排出（g）
饲料中氮	19.82	—

（续）

项　　目	每天食入（g）	每天排出（g）
粪中氮	—	2.02
尿中氮	—	7.03
体内存留氮	—	10.77
总计	19.82	19.82

氮平衡＝＋10.77g/d

上表中数字说明，该猪处于正氮平衡，即每天猪体内可增加64.5g蛋白质（≈10.77×100/15.67）。

氮平衡试验是评定蛋白质营养价值和测定动物对蛋白质需要量的一种精确方法。

测定氮平衡只需要在消化试验的基础上，再测定排尿量和尿氮含量，就可根据上述原理进行计算：

$$日粮可消化蛋白的利用系数（\%）=\frac{食入氮-（粪氮+尿氮）}{食入氮-粪氮}\times 100\%$$

二、用品及数量

以下用品是在消化试验基础上外加的。

消化代谢笼		1个
吸尿装置（橡皮袋或管）		1个
棕色玻璃收尿瓶	1 000mL	3个
带盖量筒	2 000mL	2个
尿相对密度计		1个
半微量凯氏定氮装置		1套
抽气机		2个
容量瓶	100mL	2个
pH测定仪		1个
移液管	10mL	1个
移液管	5mL	8个
量筒	10mL	4个
量筒	5mL	4个
洗瓶装硫酸液（1∶10）	2个	

（续）

浓硫酸（相对密度 1.84）		5mL
甲苯		10mL

三、试验方法与步骤

通常代谢试验是在消化试验的基础上进行的，两者可结合进行。首先，应根据试验目的做好消化代谢试验的设计方案。例如，在条件许可下，可采用拉丁方或因子试验设计，这样不但可节省实验动物的头数，并可对试验数据进行变量分析，提高试验结果的精确性。

在一些情况下，消化、代谢试验可与大群饲养试验相结合进行。这样，可更全面、深入地对研究的问题进行探讨。

（一）氮平衡试验的测定步骤

（1）试畜（至少 3 头）的选择与准备　完全同消化试验内容。

（2）饲料及日粮的配合　完全同消化试验内容。

（3）预饲期与试验期　完全同消化试验内容。

（4）粪样的收集　完全同消化试验内容。

（5）尿液的收集　每天 24h 的尿液应定时进行收集（24h 尿样的收集时间，由上午第一次饲喂时起翌晨饲喂前止）。根据不同试畜规定的试验期（即收集期）天数，每天每头试畜的总尿量用 2 000mL 带盖量筒测量其容量，并记录之。将尿液摇匀后，取其 1/10 量倾入另一棕色玻璃瓶（瓶外应标记试畜号），并在瓶中加入 5mL 浓 H_2SO_4 及 10mL 甲苯以防腐及保存氨态氮。在 4℃条件下贮存。整个试验期间，每天每头试畜的尿样均按同样收集方法，按日把尿样并入棕色玻璃内混匀后保存。试验结束时，将全部尿样在棕色玻璃瓶中摇匀后，取一定量尿液，供测定总氮量之用。

（二）氮平衡的计算

1. 食入氮量　可根据：

试畜 24h 日粮食入总量（g）＝A

日粮中蛋白质含量（%）＝B

试畜 24h 食入蛋白质总量（g）＝A×B

试畜 24h 食入总氮量（g）＝（A×B）×16.67/100

2. 排出氮量　可根据：

试畜 24h 排出粪量（g）＝

粪中蛋白质含量（%）＝

试畜 24h 粪中排出蛋白质总量（g）＝

试畜 24h 粪中排出总氮量（g）＝

试畜 24h 排出尿量（mL）＝

每 100mL 尿中蛋白质含量（g）＝

试畜 24h 尿中排出蛋白质总量（g）＝

试畜 24h 尿中排出总氮量（g）＝

3. 氮平衡计算

项目	每天食入（g）	每天排出（g）
饲料中氮		
粪中氮		
尿中氮		
体内存留氮		
总计		

氮平衡＝　　　　　g/d

$$\text{日粮可消化蛋白的利用系数（\%）}=\frac{\text{食入氮}-(\text{粪氮}+\text{尿氮})}{\text{食入氮}-\text{粪氮}}\times 100\%$$

附四　尿中氮的分析

蛋白质代谢可由三个方面来测定：①应用尿氮的分析方法，②应用氮平衡的分析方法，③应用血液中蛋白质的分析方法。

尿的成分既然是新陈代谢的产物，因而它们排出量的变化可以反映体内代谢的情况。在 24h 内，不同时间所排出的尿液所含的各种成分，彼此差异很大。因此，在进行尿液的定量分析时，不是要求知道各种成分在尿液内的百分比，而是要知道在 24h 内，从肾脏排出该测定成分的总量。因此，必须将 24h 内所排出的尿液全部收集在一起混合后，才能进行分析。

通过分析尿氮，根据尿氮量来评定日粮中蛋白质代谢是否正常，并验证家畜的尿氮量与日粮中蛋白质水平的相互关系。

一、原理

各种家畜在正常生理状况下，尿的颜色、相对密度和 pH，均有一定的特征，尿中化学成分也有它一定的常数。因此，根据家畜尿的分析结果可以检查日粮中物质代谢的情况。家畜尿中氮的存在形式和数量与家畜日粮中蛋白质的质和量有密切关系。尿的总氮量、氨态氮量和尿素氮量的分析结果，可作为评定日粮中蛋白质代谢的一种指标。

二、用品及数量

1人独立操作所需仪器数量：

1. 测定pH

试管	10mm×100mm	1支
移液管	1mL	1支
量筒	5mL	1个

2. 测定总氮量 仪器见粗蛋白质的测定。

三、分析方法

（一）尿比重的测定

各种家畜在正常生理状况下，尿的相对密度有其一定的数值。测定尿相对密度时，最快捷的方法是应用尿相对密度计。

具体操作：将混合均匀的尿样沿量筒壁倒入量筒内，避免发生泡沫（如已发生泡沫，可用滤纸将其除去）。然后，将尿相对密度计轻轻放入其中，勿使触及筒壁与筒底。由相对密度计与凹面相对应的刻线即可读出其数值，记录其结果。

尿相对密度计的校准方法：尿相对密度计的校准是在一定温度（通常是15℃）下进行的。如在其他温度下取得的测定结果，必须加以修正后，才能得到真正的相对密度值。修正方法如下：测定时的温度比校准温度每高3℃，则在测定数值上加上0.001，每低3℃则在测定数值上减去0.001。例如，用15℃校正的尿相对密度计，在21℃时测定尿液相对密度为1.018，则应加上2×0.001。因此，在21℃测定相对密度为1.018的尿，校准的15℃时的相对密度应为：1.018+0.002=1.020。

（二）尿中总氮量的测定

正常尿液中不含蛋白质，尿中的含氮物质均属非蛋白的含氮物质

(NPN)，如尿素、尿酸、肌酐、氨、氨基酸和尿胆素等，这些物质绝大部分是蛋白质分解代谢后的废物。其中以尿素氮最多，一般占尿中总氮的2/3以上。

在氮平衡的情况下，尿中排出的总氮量是依蛋白质的摄取量为转移的。因蛋白质在体内分解所形成的含氮废物，约有90%从尿排出，10%从粪排出。故测定尿液中的总氮量，是研究氮平衡所不可缺少的步骤。

具体操作方法：

1. 消化步骤　吸取5mL尿样液注入100mL凯氏烧瓶中，加入10mL浓硫酸和2mL 10%硫酸铜溶液。灼烧混合液，直至液体呈淡蓝色或无色，而后继续灼烧约1h。

氧化完毕后，冷却凯氏烧瓶内溶液。再将凯氏烧瓶内的液体全部移入100mL容量瓶中，用无氮蒸馏水加至刻度。混匀后，吸取10mL冲淡液，应用半微量凯氏定氮法，测定尿中总氮量。

2. 蒸馏步骤　具体操作同粗蛋白质的测定。

3. 结果计算

家畜尿及0.5%H_2SO_4共取量5mL，实际家畜尿样取量4.975mL；尿冲淡容量100mL，取冲淡溶液量10mL；中和尿时所需的0.01mol/L H_2SO_4量AmL。

因此，100mL尿中总氮量（g）＝A×0.000 14×（100/10）×（100/4.975）＝

24h尿中总氮量（g）＝平均24h尿的容量（mL）×A×0.000 14×（100/10）×（100/4.975）×（1/100）＝

注：0.000 14g为1mL 0.01mol/L H_2SO_4相当的氮量。

第三节　物质代谢试验二：日粮中钙、磷代谢试验

一、原理

钙、磷的吸收主要决定于吸收时的溶解度，凡有利于溶解的因素，即有利于钙、磷的吸收。酸性，乳糖（可形成乳酸），适量的脂肪，钙、磷的适宜比例，足够的维生素D均有助于钙、磷的溶解与吸收。

钙、磷的吸收率（即消化率）不能简单地按食入与粪排出的差数来理解。因为粪中钙、磷来源有：①是饲料中未消化的钙、磷；②代谢产物，即已被吸

收再由肠壁分泌出来的钙、磷。所以，钙、磷的表观消化率不太能说明问题，应同时考虑粪和尿中的排出，即分析钙、磷的吸收与平衡。

通常钙多半由粪中排出；草食动物磷由粪中排出，而肉食动物则由尿中排出大量的磷。

钙、磷在体内处于动态平衡状态。血中钙、磷维持恒定，钙、磷主要贮存于骨中（骨小梁）。理解和应用钙磷在体内的动态平衡，对动物的饲养和生产有重要意义。

二、试验方法

在结合上述消化代谢试验的同时，可进行有关钙或磷的代谢试验。

1. 实验动物的选择与准备 同蛋白质的代谢试验（氮平衡试验）。

2. 饲料与日粮配合 同蛋白质的代谢试验（氮平衡试验）。

3. 预饲期与试验期 同蛋白质的代谢试验（氮平衡试验）。

4. 粪、尿的收集 同蛋白质的代谢试验（氮平衡试验）。

5. 钙的吸收与平衡 饲料、尿、粪中钙的分析测定方法见饲料营养成分分析部分。

（1）食入钙量 可根据：

试畜24h日粮食入总量（g）＝A

日粮中钙的含量（%）＝B

试畜24h食入总钙量（g）＝A×B

（2）排出钙量 可根据：

试畜24h排粪量（g）＝

粪中钙含量（%）＝

试畜24h粪中排出钙总量（g）＝

试畜24h排出尿量（mL）＝

每100mL尿中钙含量（g）＝

试畜24小时尿中排钙量（g）＝

（3）钙的吸收与平衡计算：

每日表观消化钙量（g）＝每日食入钙量（g）－每日粪钙排出量（g）

每日存留钙量（g）＝每日表观消化钙量（g）－每日尿钙排出量（g）

$$钙的表观消化率（\%）=\frac{每日表观消化钙量（g）}{每日食入钙量（g）}\times 100\%$$

$$钙的存留率（\%）=\frac{每日存留钙量（g）}{每日食入钙量（g）}\times 100\%$$

$$\text{可消化钙的利用率（\%）}=\frac{\text{每日存留钙量（g）}}{\text{每日表观消化钙量（g）}}\times 100\%$$

6. 磷的吸收与平衡　饲料、粪、尿中磷的分析测定方法与饲料中磷的测定方法相同。

（1）食入磷量　可根据：

试畜 24h 日粮食入总量（g）＝A

日粮中磷的食量（%）＝B

试畜 24h 食入总磷量（g）＝A×B

（2）排出磷量　可根据：

试畜 24h 排粪量（g）＝

粪中磷含量（%）＝

试畜 24h 粪中排出磷量（g）＝

试畜 24h 排出尿量（mL）＝

每 100mL 尿中磷含量（g）＝

试畜 24h 尿中排磷量（g）＝

（3）磷的吸收与平衡计算：

每日表观消化磷量（g）＝每日食入磷量（g）－每日粪磷排出量（g）

每日存留磷量（g）＝每日表观消化磷量（g）－每日尿磷排出量（g）

$$\text{磷的表观消化率（\%）}=\frac{\text{每日表观消化磷量（g）}}{\text{每日食入磷量（g）}}\times 100\%$$

$$\text{磷的存留率（\%）}=\frac{\text{每日存留磷量（g）}}{\text{每日食入磷量（g）}}\times 100\%$$

$$\text{可消化磷的利用率（\%）}=\frac{\text{每日存留磷量（g）}}{\text{每日表观消化磷量（g）}}\times 100\%$$

图书在版编目（CIP）数据

饲料质量检测与营养价值评定技术/张国华，卢建雄编著．—北京：中国农业出版社，2019.8（2021.2 重印）
ISBN 978-7-109-25873-0

Ⅰ.①饲…　Ⅱ.①张…②卢…　Ⅲ.①饲料－质量检验②饲料－营养价值－评定　Ⅳ.①S816.1

中国版本图书馆 CIP 数据核字（2019）第 200326 号

中国农业出版社出版
地址：北京市朝阳区麦子店街 18 号楼
邮编：100125
责任编辑：肖　邦
版式设计：王　晨　　责任校对：沙凯霖
印刷：中农印务有限公司
版次：2019 年 8 月第 1 版
印次：2021 年 2 月北京第 2 次印刷
发行：新华书店北京发行所
开本：700mm×1000mm　1/16
印张：9.75　　插页：10
字数：240 千字
定价：48.00 元

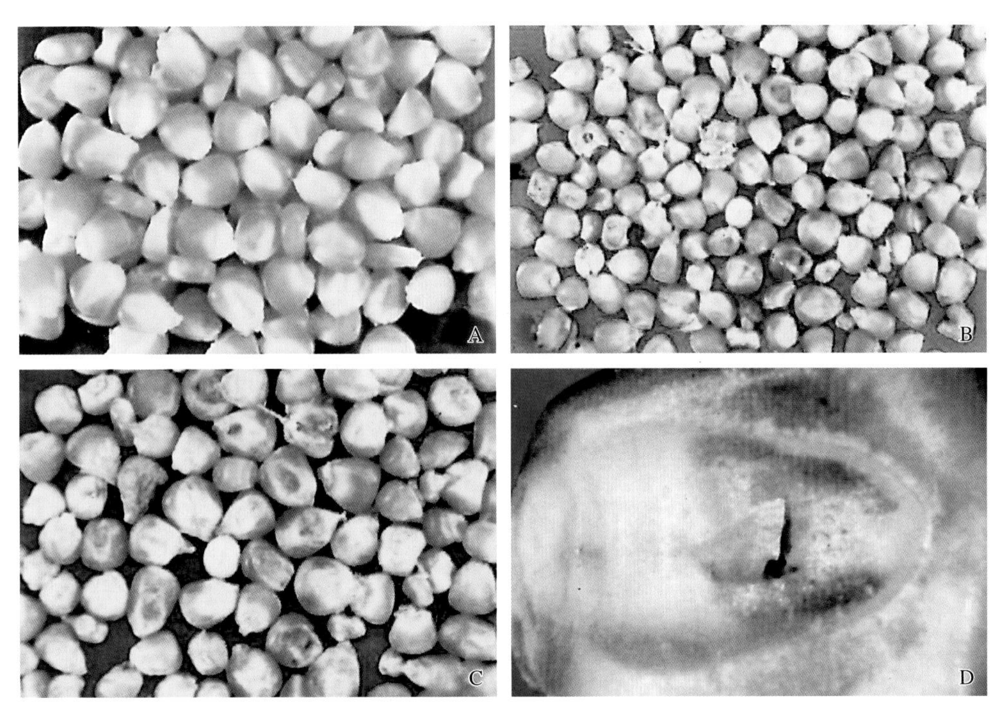

图1　玉米的感官检测

A.优质玉米粒：籽粒均匀　B.劣质玉米粒：霉粒、碎粒和碎片　C.霉玉米　D.胚芽区颜色不正常

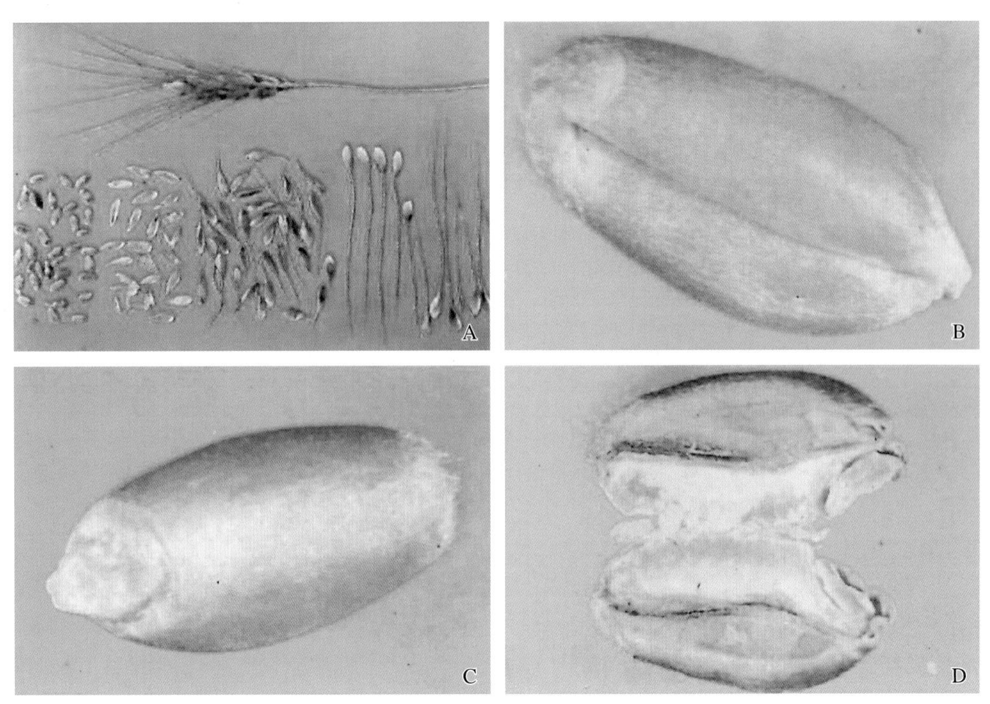

图2　小麦的感官检测

A.小麦小穗的结构　B.腹面中央有沟　C.背面有胚芽区　D.小麦粒的纵剖面，显示淀粉结构

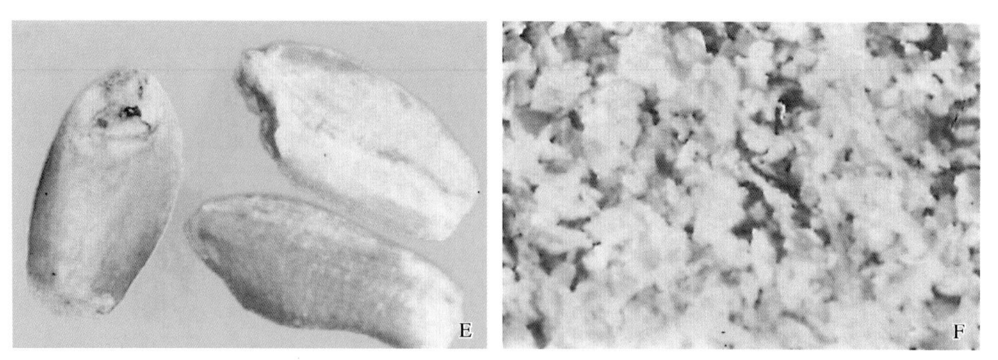

图2　小麦的感官检测

E.劣质小麦粒：不均匀、碎粒　F.磨小麦过程中的副产品：麸皮

图3　高粱的感官检测

A.高粱总状花序的不同种类　B.高粱小穗　C.不同颖片颜色和带花梗的小穗　D.高粱籽实顶端两个花柱的皱缩残留
E.优质的白色高粱籽实　F.虫蛀籽实

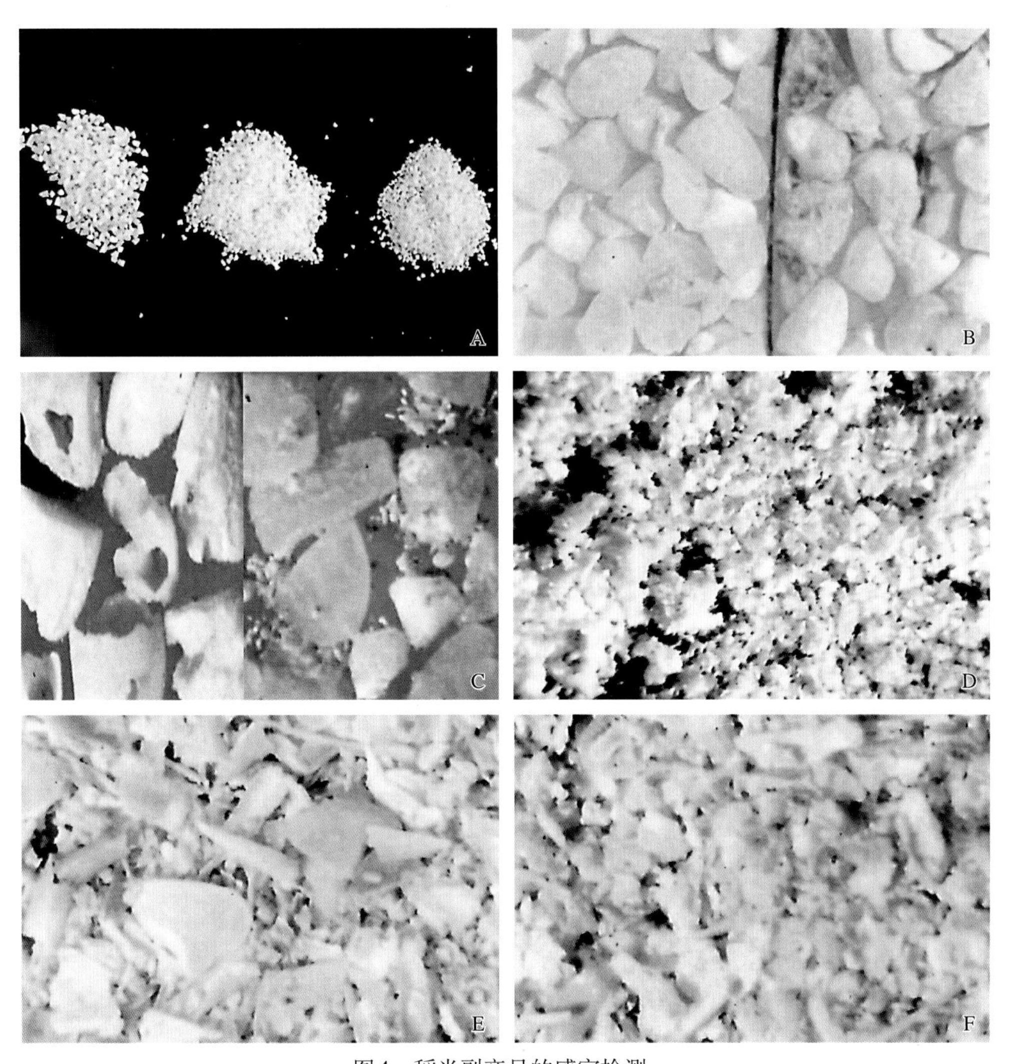

图4　稻米副产品的感官检测

A.碾米过程中产生三个等级的碎米　B.比较久陈（发霉）的碎米和新碎米　C.放大的虫蛀碎米和虫粪　D.米糠的一般特征　E.粗分的统糠：米粒、无花颖片和碎稻壳　F.细分的统糠，显示大量碎稻壳

图5　大麦的感官检测

A.有芒整粒大麦　B.去芒整粒大麦

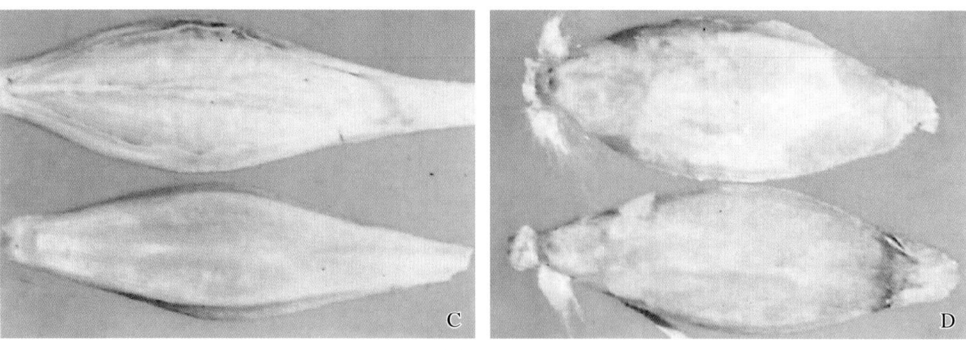

图5　大麦的感官检测

C.整粒大麦的背面和腹面　D.去壳的大麦粒，显示麸皮颜色和黏附的外壳

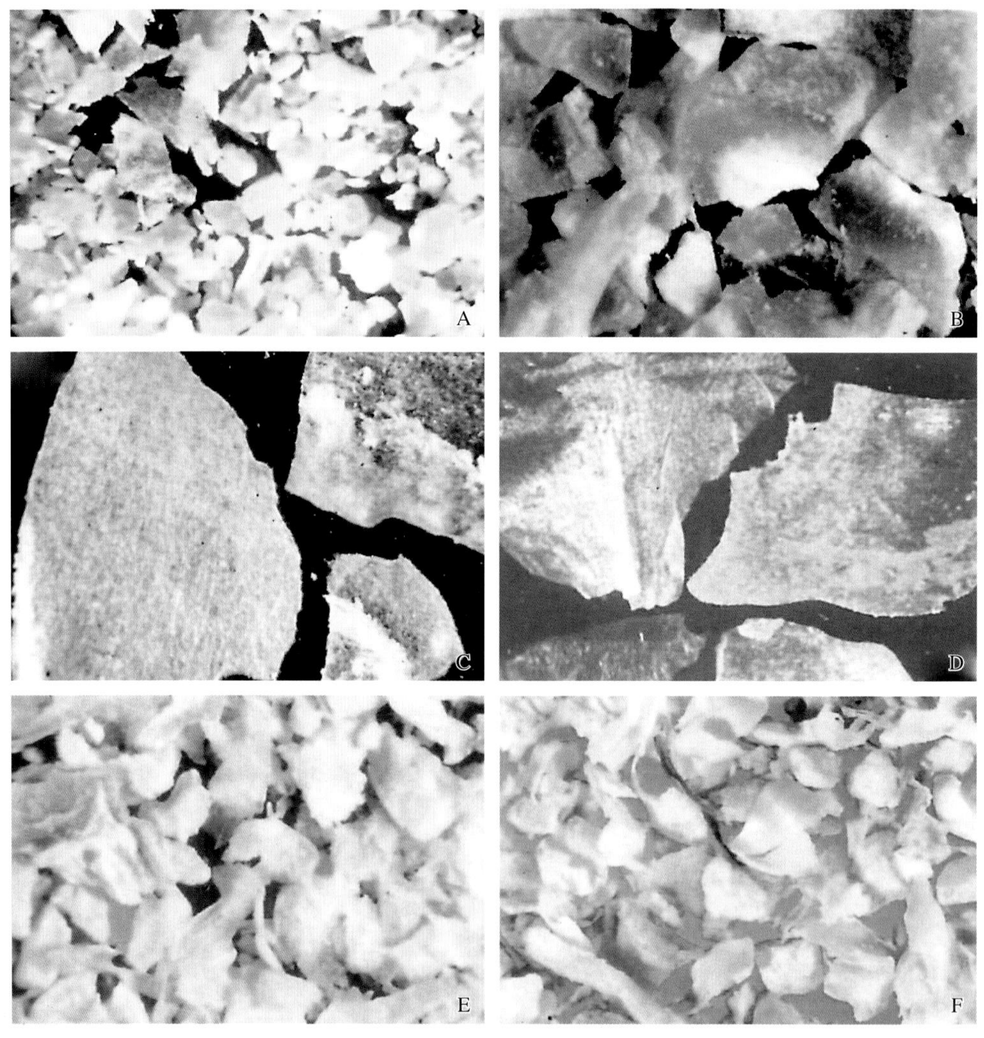

图6　玉米的显微镜检测

A.粉碎玉米的一般特征　B.放大的硬质淀粉碎片，附有软质淀粉和胚

C.玉米皮层：外表面（左侧）和附有淀粉的内表面（右侧）　D.颖片（左）和皮层（右）的特征比较

E.粉碎玉米芯的一般特征　F.苞片、髓、颖片、花梗、须和硬质层的碎片

图6　玉米的显微镜检测

G.磨玉米粉过程中产生的玉米皮层的一般特征　H.过筛后的玉米皮层的特征

I.玉米皮层的结构：端帽、玉米皮、玉米芯和硬质淀粉的碎片　J.玉米麸质粉

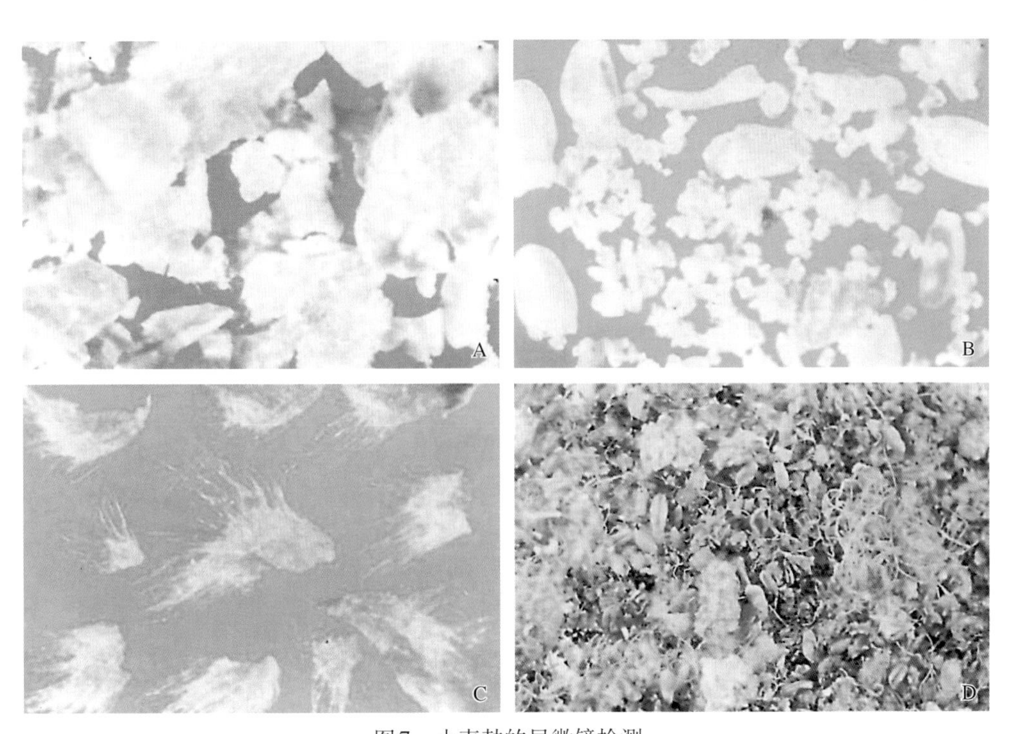

图7　小麦麸的显微镜检测

A.放大的麸皮碎片的内表面（附有淀粉）和外表面（粗糙、多皱）　B.放大的麸皮胚芽和硬质淀粉碎片

C.放大的有毛的麸皮碎片　D.葡萄糖浆工厂的副产品，显示麦芽残留

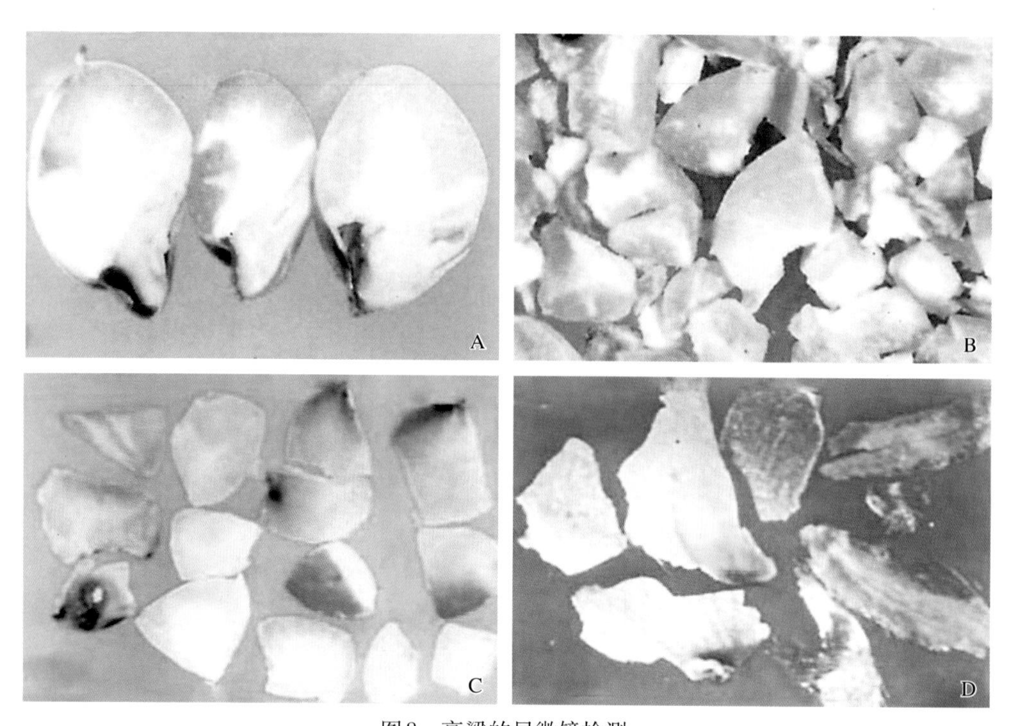

图8　高粱的显微镜检测

A.高粱籽实纵剖面的结构　B.粉碎高粱籽实的一般特征

C.附着皮层的籽粒碎片　D.高粱外稃、皮层和玉米皮层的比较

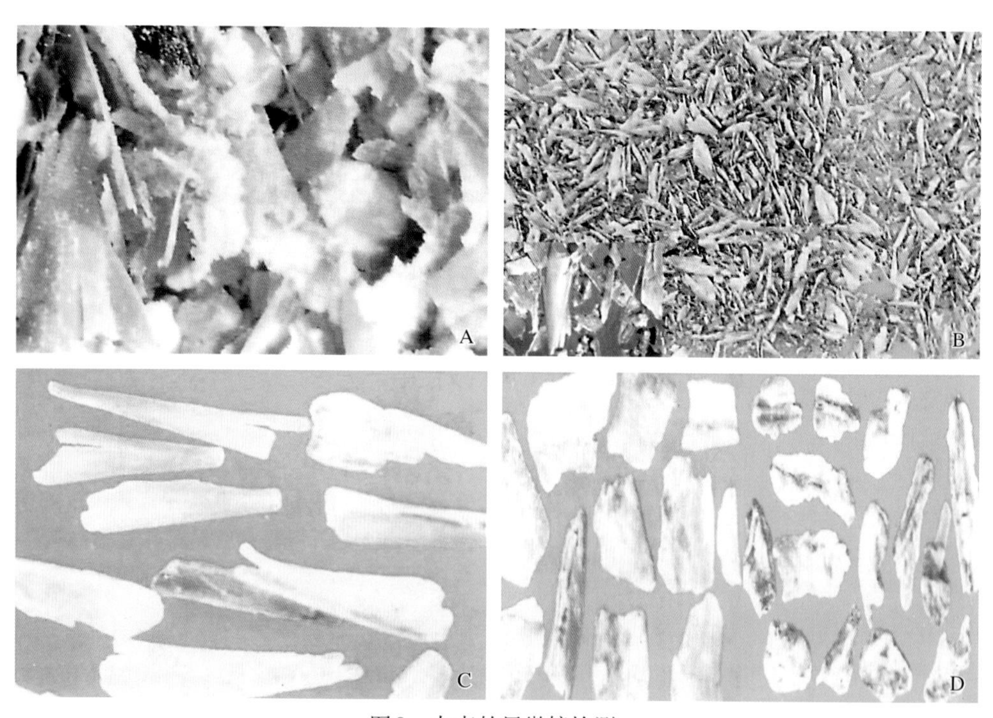

图9　大麦的显微镜检测

A.粉碎的整粒大米　B.干燥的啤酒大麦的一般特征

C.干燥的啤酒大麦中三角形的外壳碎片　D.大麦麸皮碎片

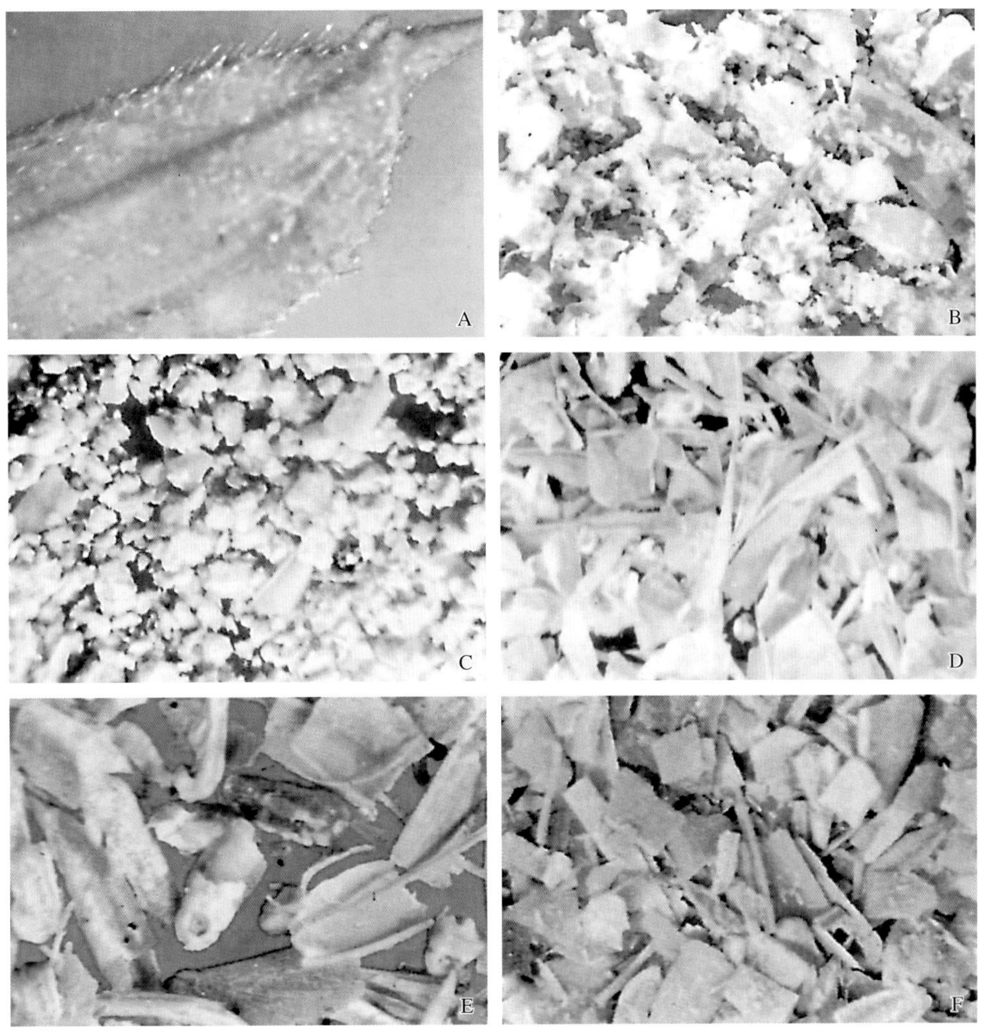

图10　稻米副产品的显微镜检测

A.放大的稻壳外表面，带针状茸毛和横纹线　B.放大的米糠的结构，显示碎糠皮、米粒和稻壳屑　C.溶剂萃取米糠的一般特征　D.蒸谷米的统糠　E.放大的蒸谷米统糠的结构　F.粉碎的稻壳

图11　大豆饼粕的显微镜检测

A.溶剂萃取大豆饼粕：种脐的外表面、内表面及外壳碎片　B.溶剂萃取大豆饼粕：扁平的豆仁颗粒和卷曲的外壳

图11　大豆饼粕的显微镜检测

C.外壳碎片的外表面有明显的针样特征　D.压榨豆饼的一般特征：粗糙、颗粒状团块、含油　E.放大的压榨豆饼颗粒　F.取样后的压榨豆饼，显示压过的豆仁颗粒和外壳　G.加热过度的压榨豆饼呈褐色　H.发霉的压榨豆饼　I.溶剂萃取大豆饼粕中掺杂压榨豆饼　J.溶剂萃取大豆饼粕中掺杂小麦麸皮

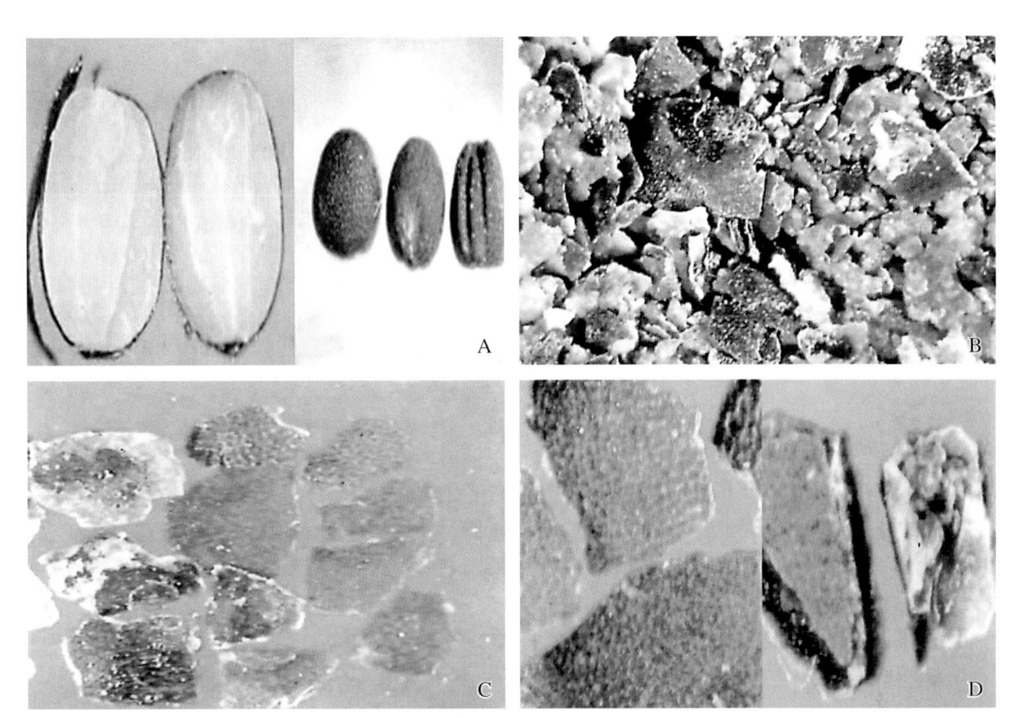

图12　菜籽饼粕的显微镜检测

A.不同外观的油菜籽及其纵剖面　B.菜籽饼粕的一般特征

C.种皮碎片的特征　D.放大的种皮碎片，有网状的外表面和内表面，附有半透明的薄片

图13　花生饼粕的显微镜检测

A.花生饼　B.花生饼样品，显示外壳碎片和压过的花生仁颗粒

C.溶剂萃取花生饼粕的一般特征　D.放大的花生仁颗粒，显示许多小点

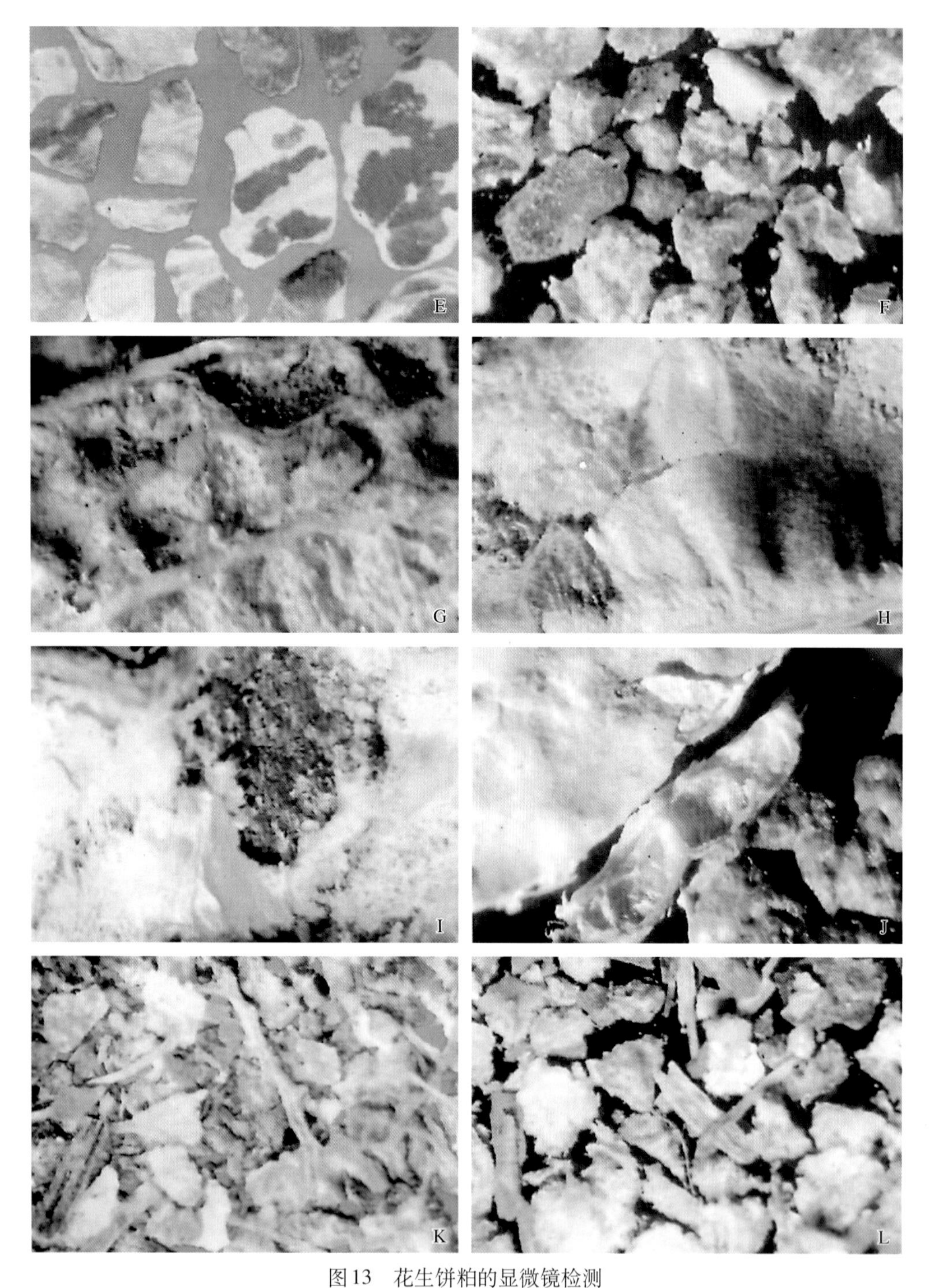

图13　花生饼粕的显微镜检测

E.花生皮碎片的特征　F.粉碎的花生饼中掺杂棉籽饼粕　G.放大的外壳网状表面
H.放大的花生壳内层：白色柔软海绵状组织和薄纸似的衬里　I.花生壳白色的内层和褐色的硬层
J.花生壳隆起的硬层表面、外表面和横断层　K.粉碎花生壳的一般特征　L.白色内层和褐色硬层的碎片

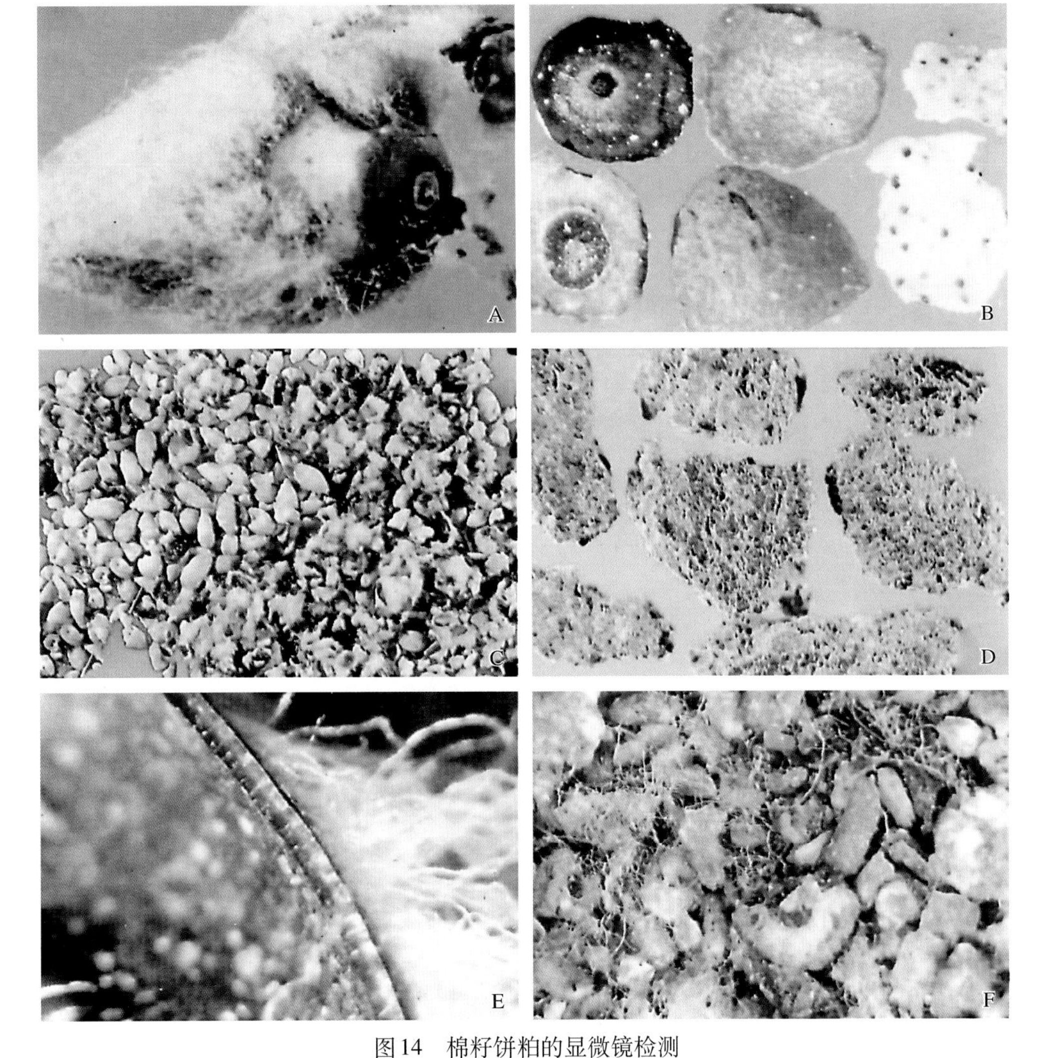

图14　棉籽饼粕的显微镜检测

A.剥开棉籽外壳露出隐藏的种脐　B.棉籽的构造：种脐、外壳和带油腺体的籽仁（黑色或褐色的斑点）　C.碎棉籽　D.棉籽饼　E.外壳边沿：淡褐色和深褐色的色层，带阶梯似的表面，棉纤维倒伏、卷曲　F.棉籽饼粕的一般特征

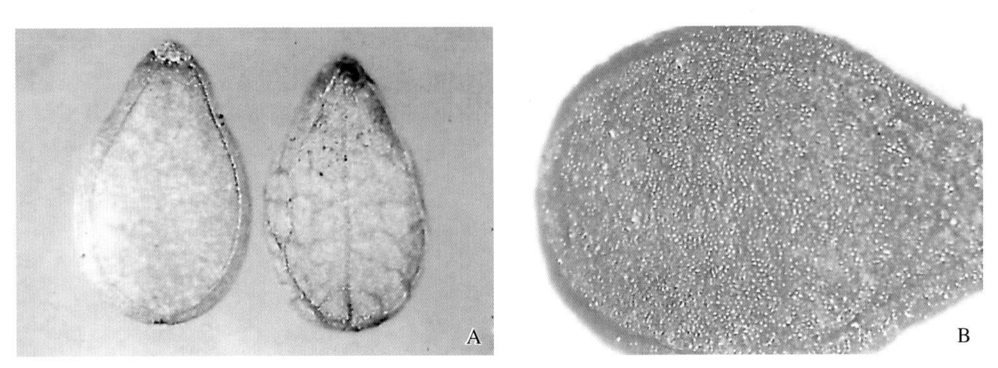

图15　芝麻饼粕的显微镜检测

A.白芝麻种子表面呈网状并有微小突起　B.放大的黑芝麻种子，表面呈网状，有微小突起

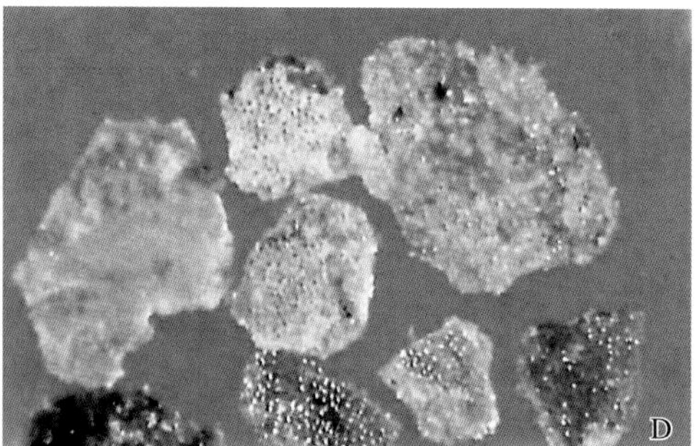

图15　芝麻饼粕的显微镜检测

C.芝麻饼粕　D.种皮碎片的不同大小、形状和颜色

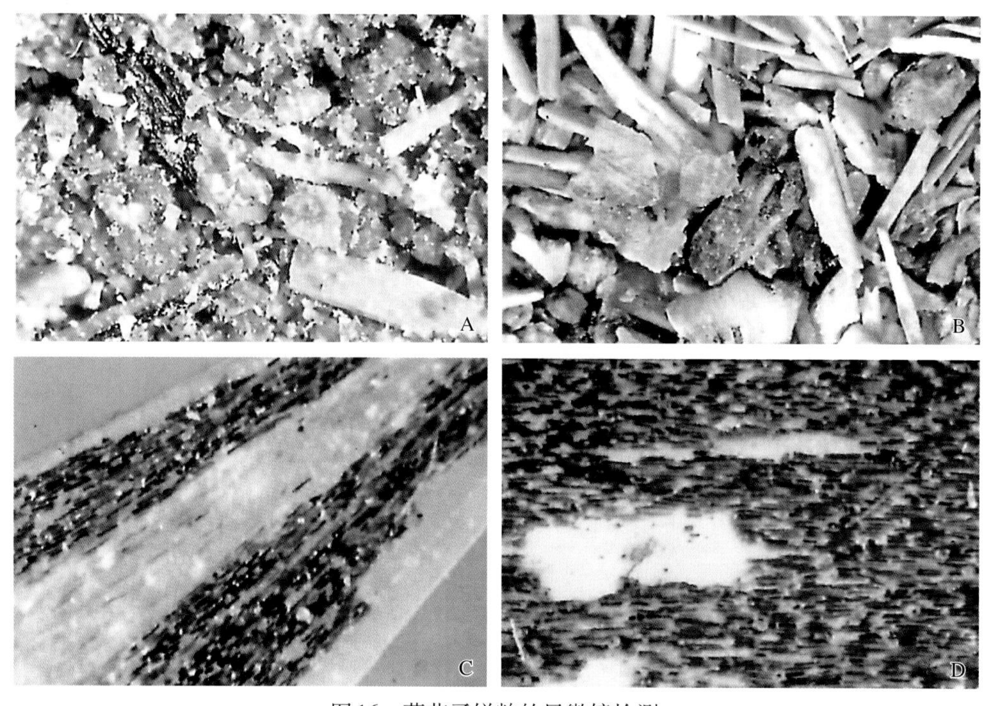

图16　葵花子饼粕的显微镜检测

A.葵花子饼粕的一般特征　B.葵花子饼粕中籽粒碎片的一般结构　C.外壳外表面上的白色和黑色条纹

D.放大的外表面，有短小黑色平行线

图17　骨粉的显微镜检测

A.骨粉的一般特征（蒸汽压力法）　B.煮骨粉的一般特征

图17　骨粉的显微镜检测

C.煮骨粉的构造：腱、肉、血和毛的碎颗粒　D.放大的骨粉颗粒，表面粗糙、暗淡　E.骨粉颗粒表面有血
F.比较碎骨片（左侧长片）和米粒（上面两行）及碎贝壳片（下面）
G～H.煮骨粉中掺杂久陈玉米粉和贝壳粉，显示漂浮成分　I.煮骨粉中掺杂花生粉和贝壳粉　J.煮骨粉中掺杂贝壳粉

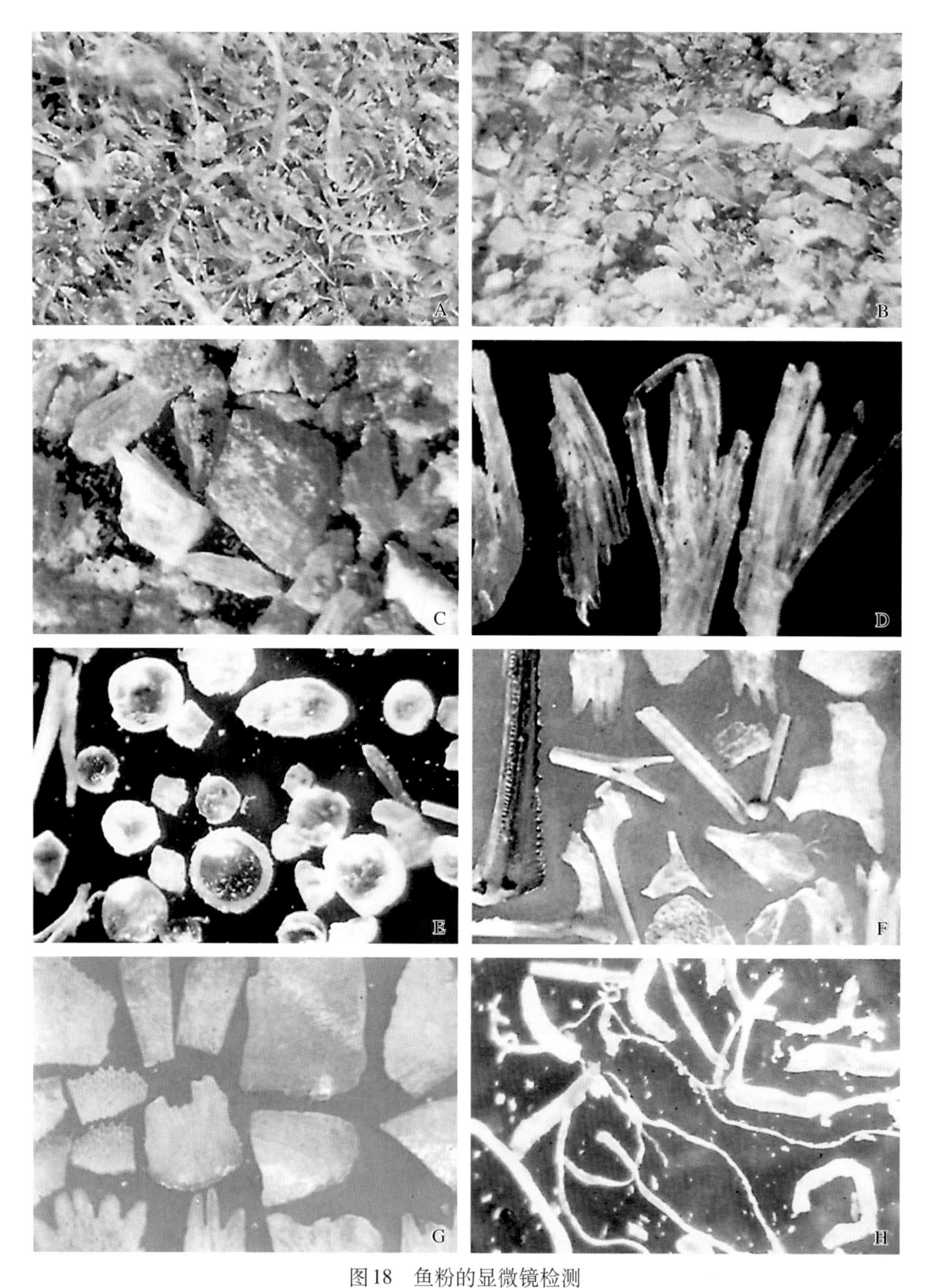

图18　鱼粉的显微镜检测

A.鱼粉有机部分的一般特征　B.鱼粉的无机部分：甲壳、骨刺、鱼鳞的断片和沙粒　C.鱼肉小片　D.脱脂和不脱脂的鱼肉纤维　E.鱼眼球和鱼肉的断片　F.鱼骨刺、断片和鱼鳞小片　G.鱼鳞的一般特征　H.鱼肉纤维（平、卷曲和半透明）和羽毛粉碎片（小、长和卷曲）

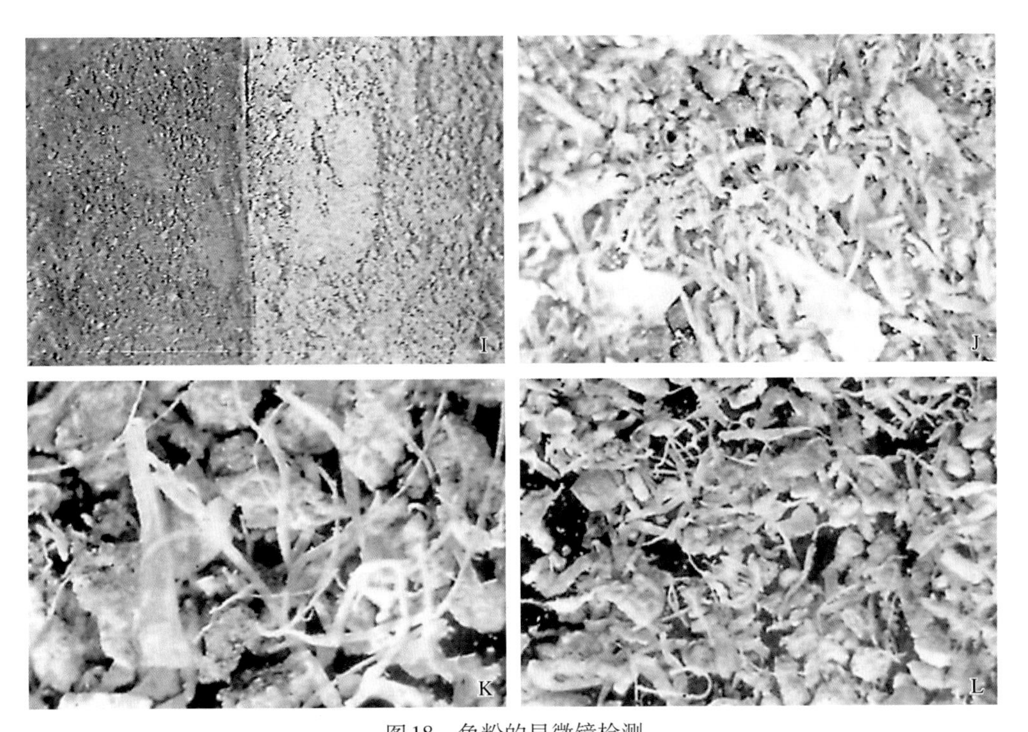

图18　鱼粉的显微镜检测

I.自燃鱼粉（褐色）和正常鱼粉的不同颜色　J.放大的自燃鱼肉纤维（黄或褐色）　K ~ L.鱼粉中掺杂羽毛粉

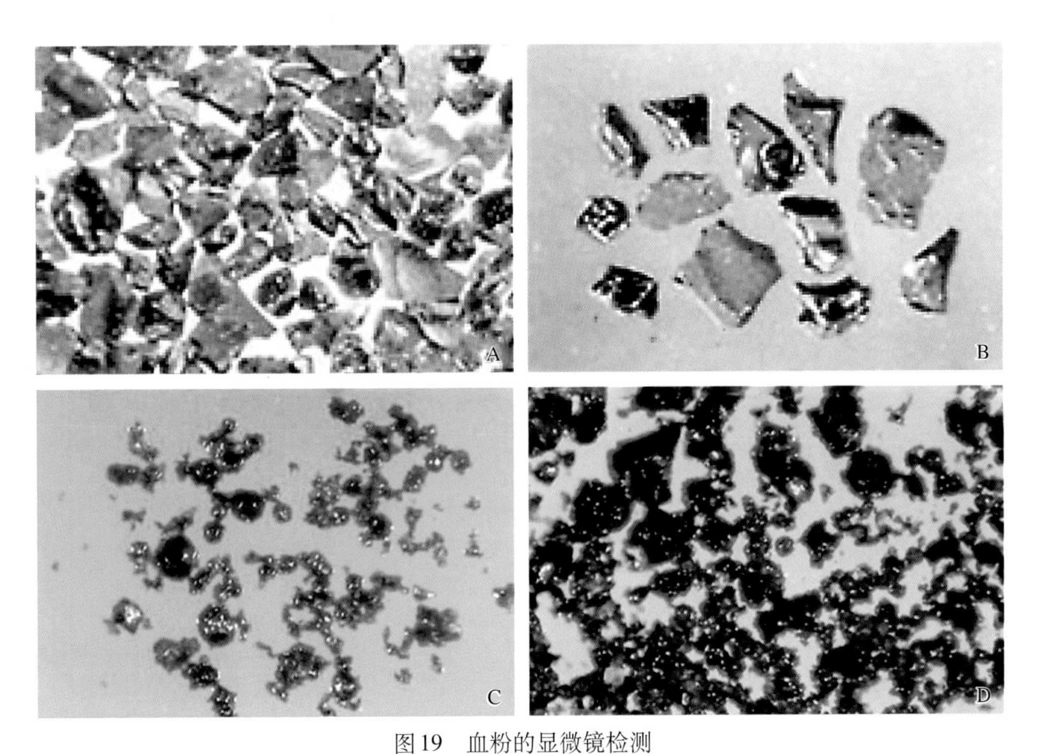

图19　血粉的显微镜检测

A.蒸或煮血粉的一般特征　B.放大的血粉碎片：光滑，无光泽或有光泽的表面

C.喷雾干燥血粉的一般特征：不同大小的球形颗粒（40倍）　D.结团的球形血粉颗粒和大的血粉颗粒

图20　羽毛粉的显微镜检测

A.放大的羽干片段（生羽毛粉）　B.未水解或熟羽毛粉的一般特征　C.未水解羽毛粉
D.不同大小和形状的羽干片段（大片）　E.小片羽毛和羽毛管　F.未水解羽毛粉中掺杂生羽毛
G.放大的羽干片段的锯齿边，中心呈现深槽　H.另一种形状的羽干片段

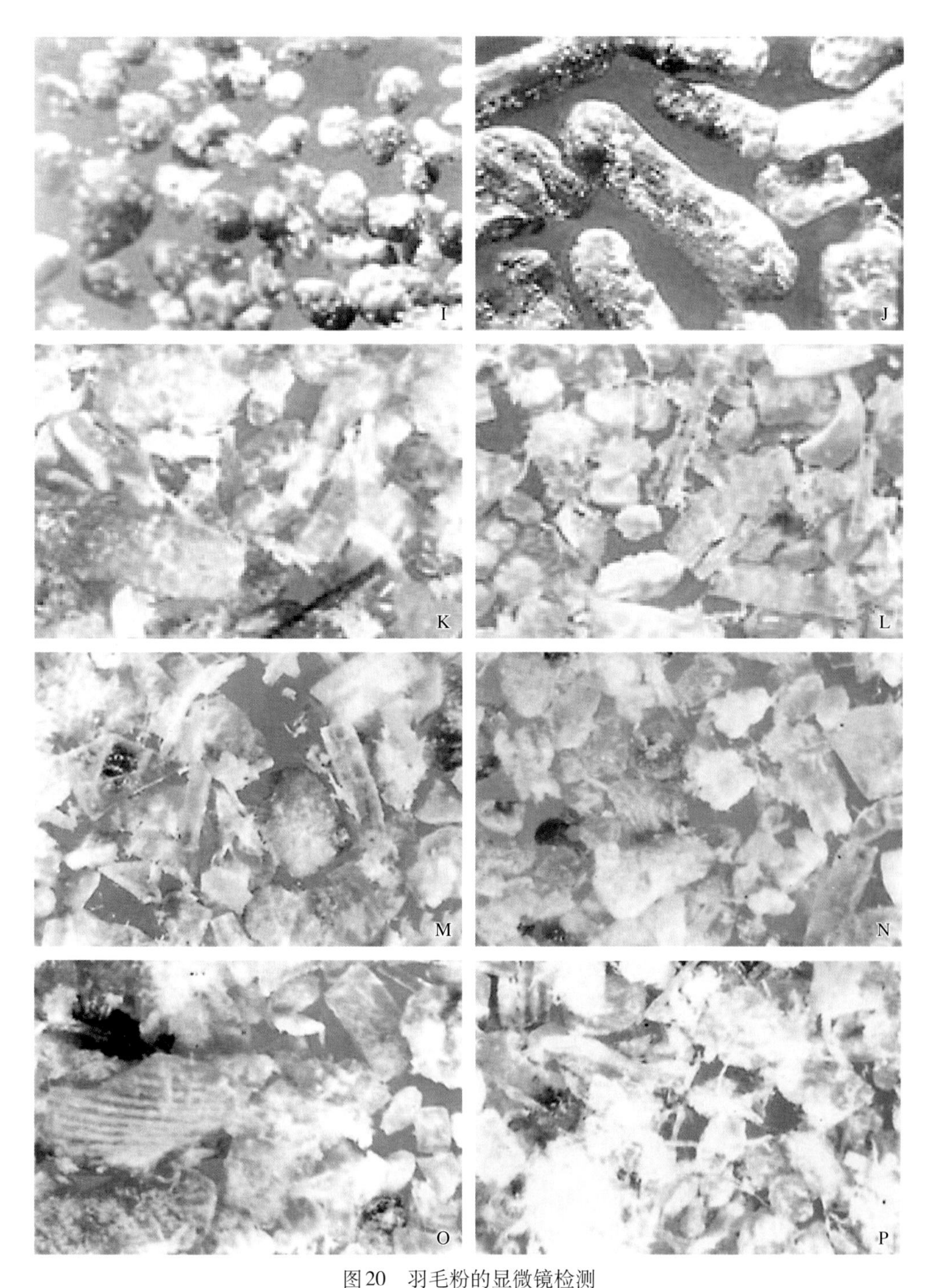

图20　羽毛粉的显微镜检测

I.另一种形状的羽干片段　J.放大的羽干片段，边缘光滑，由于过度加热颜色变成深褐色甚至黑色

K.水解羽毛粉：羽毛管片段（长和大的块），褐色到黄色，边缘光滑（左下）

L.水解羽毛粉中掺杂玉米芯和黄色淀粉碎片（不透明奶油色颗粒）　M ~ N.水解羽毛粉

O.羽干片段　P.结团的羽片片段（光泽暗淡，奶油色，蓬松）

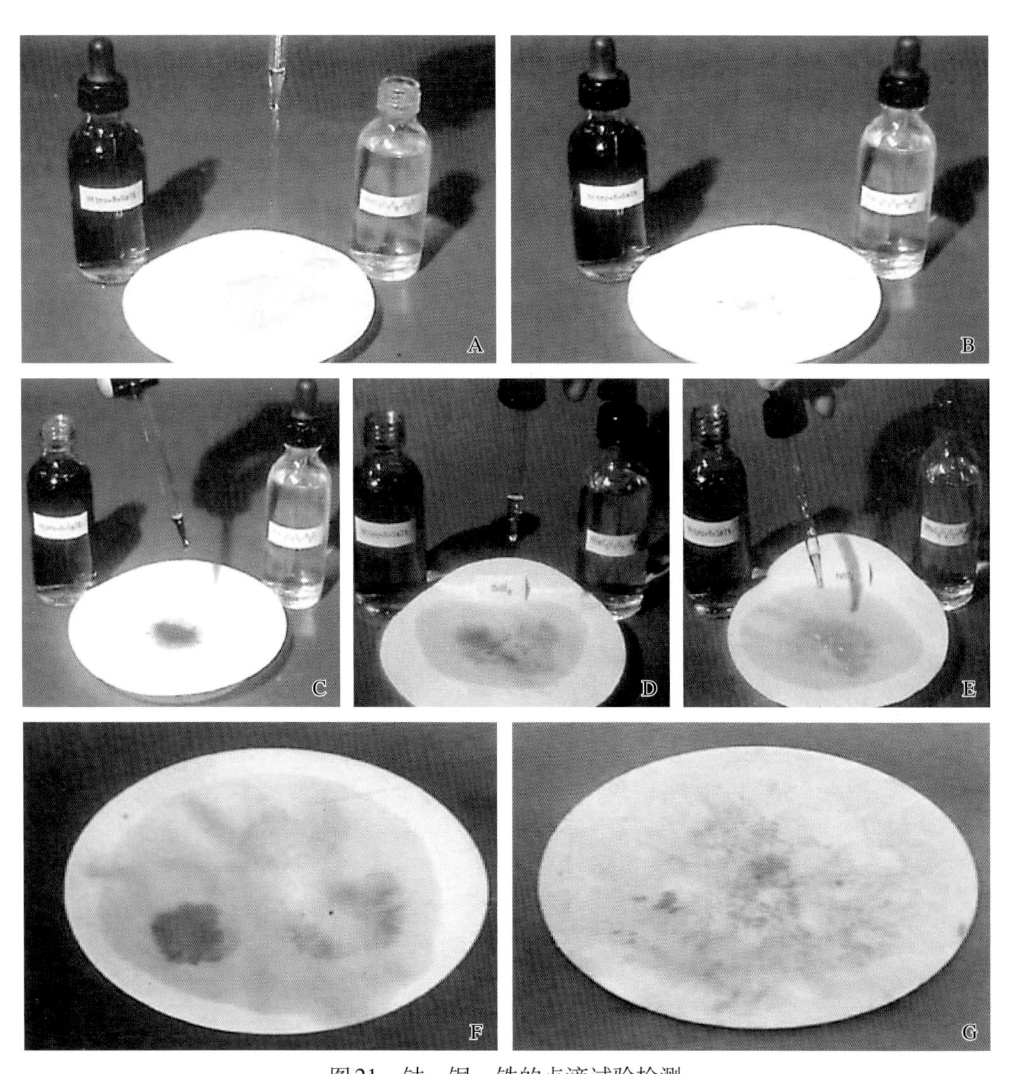

图21　钴、铜、铁的点滴试验检测

A.用3～4滴酒石酸钾钠溶液浸湿滤纸　B.将试样撒到纸上

C.情况一：加2～3滴亚硝基-R-盐溶液，如果试样含有钴，则呈现粉红色　D.情况二：加2～3滴亚硝基-R-盐溶液如果试样含有铜，则呈现淡褐色，环状　E.情况三：加2～3滴亚硝基-R-盐溶液，如果试样含有铁，则呈现深绿色

F.钴-铜-铁粉末的阳性反应　G.浓缩饲料中钴-铜-铁的阳性反应

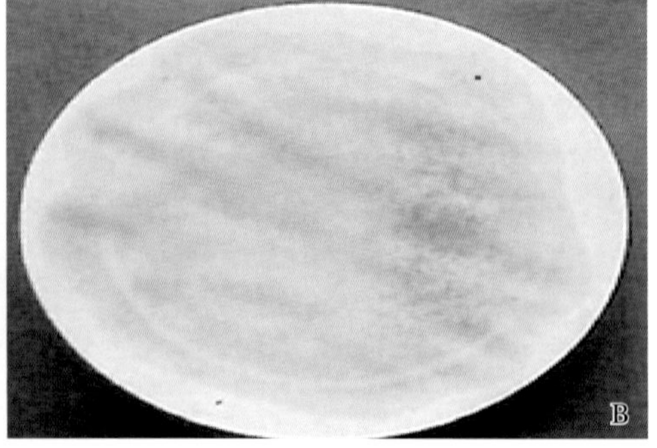

图22　锰的点滴试验检测

A.用氢氧化钠溶液浸湿滤纸　B.撒上试样，等待1min，然后加联苯胺二盐酸盐冰醋酸溶液

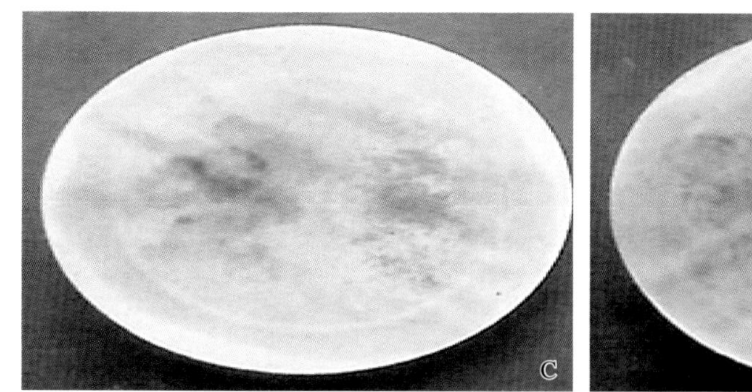

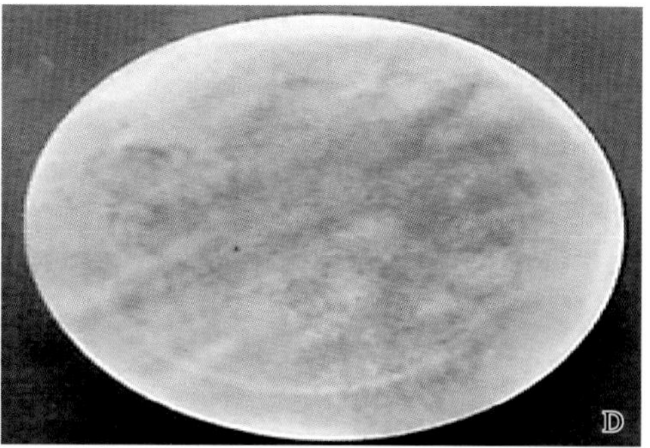

图22　锰的点滴试验检测

C.如果试样中含有氧化锰，则呈现深蓝色，带一黑色中心　D.若试样中含有硫酸锰，则很快显现出较大面积浅蓝色

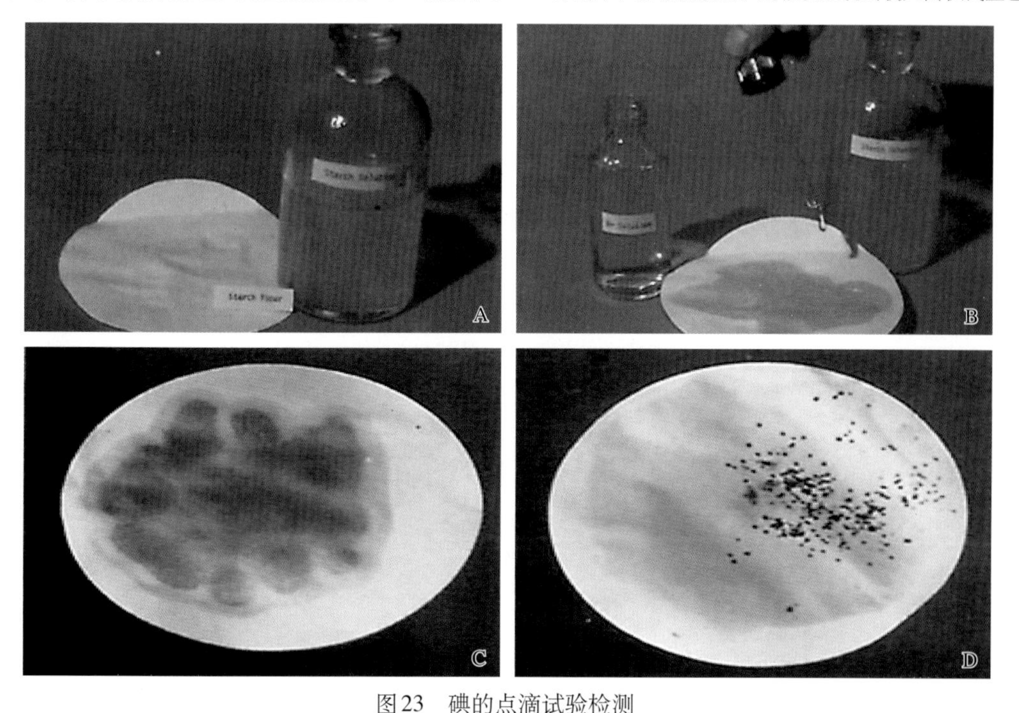

图23　碘的点滴试验检测

A.用淀粉溶液浸湿滤纸　B.用溴溶液浸湿淀粉试纸　C.将试样撒到试纸上　D.如果试样中含有碘，则显示蓝紫色

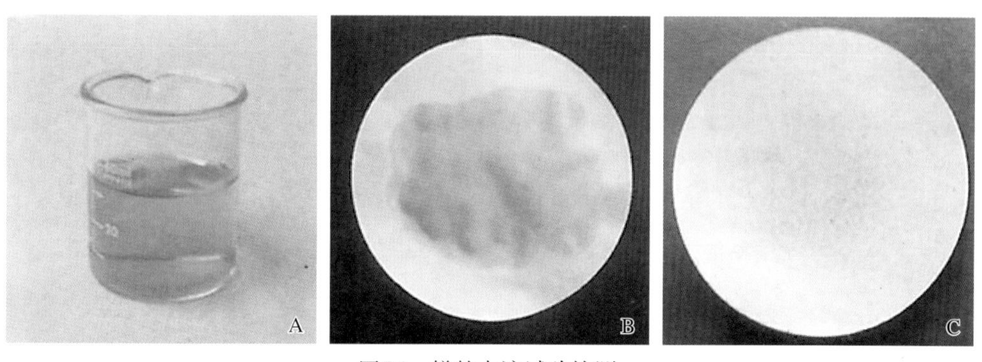

图24　镁的点滴试验检测

A.将氢氧化钠溶液与碘-碘化钾溶液混合制成深褐色混合液，加入2 ~ 3滴氢氧化钾溶液，直至变成淡黄色

B.用此淡黄色溶液浸湿滤纸，撒上试样　C.如果试样中含有镁，则呈现出黄褐色斑点

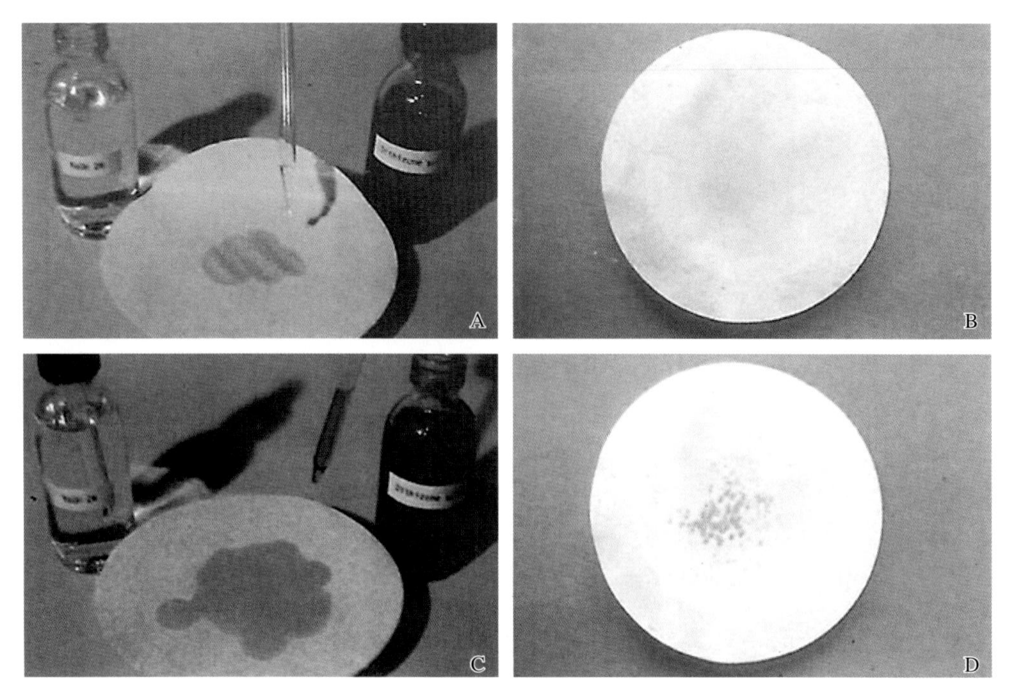

图25　锌的点滴试验检测

A.用氢氧化钠溶液浸湿滤纸　B.将试样撒在滤纸上　C.加2 ～ 3滴双硫腙-四氯化碳溶液

D.如果试验中含有锌，则呈现木莓红色

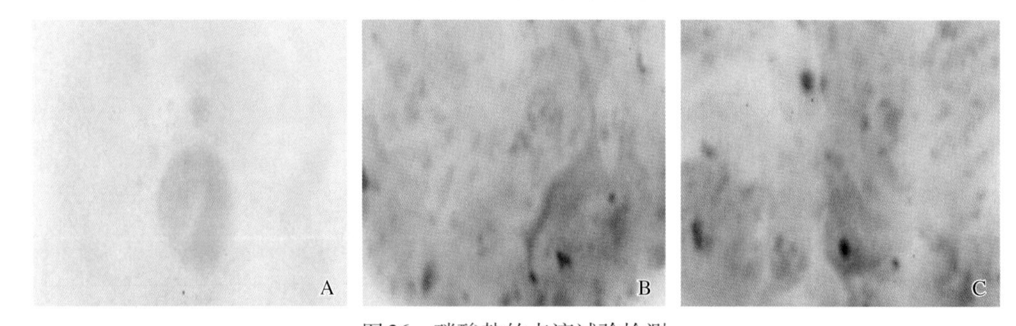

图26　硝酸盐的点滴试验检测

A.将试样置于白色滴试板上，加2 ～ 3滴二苯胺晶粒和一滴蒸馏水，再加一滴浓硫酸，如果试验中含有硝酸盐，则呈深蓝色

B.预混料中的阳性反应，呈现深蓝色　C.配合饲料中的阳性反应，呈现深蓝色

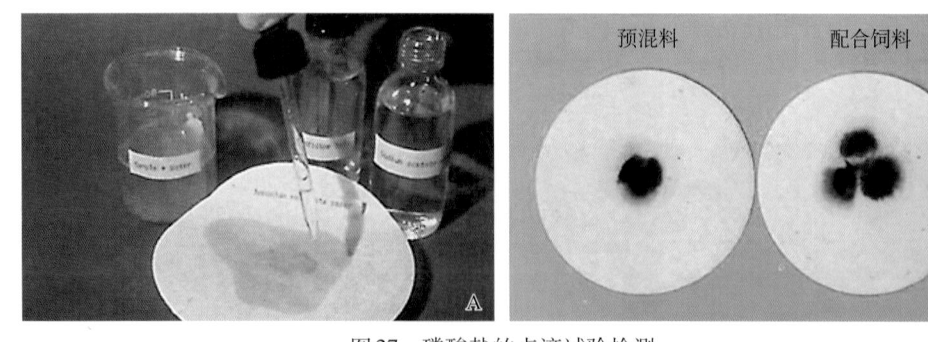

图27　磷酸盐的点滴试验检测

A.用钼酸铵溶液浸湿滤纸，加1 ～ 2滴试样，接着加一滴联苯胺碱溶液和一滴饱和醋酸钠溶液

B.矿物质预混料和配合饲料中磷酸盐的阳性反应：呈现蓝色斑点或环